실용화장품학

PRACTICAL COSMETOLOGY

구민사
technology Computer
www.kuhminsa.co.kr

Preface

과학이 발달하고 시대가 진화하면서 화장품이라 하는 인간의 미적 표현의 도구가 어느새 일상생활의 필수품이 되었다. 화장품은 용모를 아름답게 하고 매력을 돋우기 위해 사용될 뿐만 아니라 피부를 보호하기 위해, 상징적 의미를 담아내기 위해, 인체의 청결을 위해 폭넓게 사용되고 있다. 이에 "실용화장품학(Practical Cosmetic)"을 통하여 화장품의 범주와 종류를 구체적으로 살피고 인체에 적용되는 화장품 원료를 다룸으로써 안전하고 전문적인 화장품 사용을 위하고자 하였다. 또한 2017년에 추가·수정된 화장품법을 바탕으로 일상에서 사용되는 실용적인 화장품의 전반적 내용을 담아내고자 하였다.

Chapter 1 **'화장품의 이해'**에서는 화장품에 대한 기본적 지식과 일상생활에 실용적으로 활용할 수 있는 정보를 다루었으며 화장품과 의약품, 의약외품을 비교하여 이들의 차이점과 화장품의 구체적인 범위를 다루었다.

Chapter 2 **'화장품과 피부'**에서는 피부의 구조와 기능, 피부에 보습효과를 주는 물질과 다양한 피부 노화현상을 다루었으며 피부유형을 살펴봄으로써 피부에 맞는 올바른 화장품 사용을 가능할 수 있게 하였다.

Chapter 3 **'화장품 원료 및 제형'**에서는 국내 화장품법에서 제시한 화장품 원료 안전기준을 바탕으로 한 화장품 안전성의 평가 및 오늘날 화장품에 사용되는 주요원료들을 살펴봄으로써 화장품의 위해성을 판단할 수 있게 하며 우리가 사용하는 화장품의 제형이 어떻게 이뤄져 제조되고 있는지를 다루었다.

Chapter 4에서 Chapter 15까지는 화장품법에 따른 화장품의 분류에 의해 화장품의 기능 및 원료, 특징 등 구체적인 정보를 체계적으로 제공하여 실효용적 화장품의 사용을 실생활에 올바르게 할 수 있도록 하였다.

저자들은 생소한 화학용어나 작용원리 같은 딱딱한 전문서적의 프레임에서 벗어나 다양한 종류의 화장품을 체계적으로 정리하고 전반적인 화장품의 특성을 이해할 수 있는 구성을 고안하였다. 이에 '실용화장품학'이 화장품의 체계적 분류 및 전반적인 이해를 통해 화장품 사용의 실효성을 높여줄 수 있는 실용적인 지침서가 되리라 생각한다.

끝으로 바쁜 일정에도 실용화장품학 출판을 위해 도움을 주신 구민사의 모든 관계자분들에게 감사드립니다.

2017. 08

저자일동

Contents

Contents

Contents

Contents

Appendix 부록

CHAPTER 1

화장품의 이해

실용화장품학

CHAPTER 01

화장품의 이해

① 화장품의 정의

오늘날의 '화장'은 본연의 얼굴 결점을 보완하고 수정하여 용모를 아름답게 가꾸는 것으로 '화장품'은 이를 목적으로 사용하는 물품을 말한다.

화장품(Cosmetics)은 '잘 정리하다', '잘 감싸다'를 뜻하는 고대 그리스어 코스메티코스(Cosmeticos)를 어원으로 우주와 신, 세계의 질서와 조화를 의미하는 고대 그리스어 코스모스(Cosmos)에서 유래되었다. 이에 '화장품'이란 용어는 곧 인간을 잘 감싸서 질서 있게 조화시키는 도구의 의미로 풀이된다.

화장품에 대해 우리나라는 1953년 약사법 내의 화장품 관련 법규 제정과 1999년 9월, 화장품 제조·수입 및 판매 등에 관한 사항을 규정하면서 국민보건 향상과 화장품 산업발전에 기여하기 시작했다. 화장품법에 의하면 화장품은 인체를 미화시키고 청결하게 하여 매력을 더함으로써 피부와 모발건강을 유지시키고 증진시키기 위한 물품을 말하며 이는 2000년 7월 1일 시행되어 화장품의 원활한 사용 및 규제를 위해 화장품시행규칙이 실행되고 있다.

1) 화장품의 구분

(1) 화장품

국내 화장품법에 따르면 "화장품"이란 인체를 청결하게 하고 미화하여 매력을 더하며 용모를 밝게 변화시키고 피부와 모발의 건강을 유지 또는 증진시키기 위해 인체에 바르고 문지르거나 뿌리는 방법과 유사한 방법으로 사용되는 물품으로서 인체에 대한 작용이 경미하게 일어나는 것을 말한다. 다만 약사법 제2조 제4호의 의약품은 제외된다.

(2) 의약품

의약품은 일반인이 아닌 질병을 가진 환자에게 진단 및 치료의 목적으로 사용되는 것을 말한다.

의약품의 범위

① 대한민국약전(大韓民國藥典)에 실린 물품 중 의약외품이 아닌 것
② 사람이나 동물의 질병을 진단, 치료, 경감, 처치 또는 예방할 목적으로 사용하는 물품 중에서 기계, 기구 또는 장치가 아닌 것
③ 사람이나 동물의 구조와 기능에 약리학적(藥理學的) 영향을 줄 목적으로 사용하는 물품 중 기구, 기계 또는 장치가 아닌 것

(3) 의약외품

의약외품은 일반인이 사용하는 물품 중에서 약리적 효과의 작용이 있으나 부작용이 허용되지 않는 물품을 말하며 우리나라에서 여드름 치료제, 약용치약, 제한제, 육모제, 염모제, 제모제 등이 해당된다. 이는 식품의약품안전처장이 지정하는 것으로 화장품법에 의하여 항목을 정하고 있다.

의약외품의 범위

① 사람이나 동물의 질병을 치료·경감(經減)·처치 또는 예방 할 목적으로 사용되는 섬유·고무제품 또는 이와 유사한 것
② 인체에 대한 작용이 약하거나 인체에 직접 작용하지 아니하며 기구 또는 기계가 아닌 것과 이와 유사한 것
③ 감염병 예방을 위하여 살균, 살충 및 이와 유사한 용도로 사용되는 제제

• 화장품의 구분 •

구분	화장품	의약외품	의약품
대상	일반인	일반인	환자
목적	청결과 미화	위생과 미화	질병의 치료 및 진단
기간	장기간, 지속적	장기간 혹은 단속적	일정기간
범위	전신	특정부위	특정부위
부작용의 유무	없어야 함	없어야 함	어느 정도는 무방함

2) 국가별 화장품의 정의

화장품의 정의는 국가별로 차이가 있으나 그 맥락은 같다고 볼 수 있다. 화장품이란 일반인을 대상으로 장기간의 지속적 사용을 요하기 때문에 모든 조건을 고려해야 한다.

미국은 화장품을 다음과 같이 정의하고 있다. 화장품은 인체의 청결, 미화, 매력 촉진을 목적으로 외모의 변화를 위해 인체에 바르거나 뿌리는 방법의 화장품을 말하며 이 외에 인체부속기관에 적용하여 사용되는 물품과 그 구성성분을 말한다. 단, 비누는 제외된다.

유럽에서 화장품이란 인체 외피(피부, 모발조직, 손톱, 입술) 및 치아와 구강점막의 청결, 향취 부여를 통해 건강한 상태를 유지하거나 용모의 변화를 주고 체취의 억제를 위해 사용되는 물품을 말한다.

일본에서 화장품이란 인체를 청결하게 하고 미화시켜 매력을 더하며 용모를 변화시키기 위한 것으로 피부와 모발의 건강을 유지하기 위해 뿌리거나 이와 유사한 방법으로 사용되어 인체에 적용될 수 있는 것을 말한다.

② 화장품의 분류

화장품은 사용의 목적과 성분, 제형, 사용 부위 등에 따라 여러 가지로 나뉘는데 이는 국내 화장품법 '화장품법 시행규칙'에 따라 분류된다.

• 화장품의 분류 •

구분	내용
영 · 유아용 화장품	어린이용 제품으로 어린이용 샴푸, 린스, 로션, 크림, 오일, 세정용 제품, 목욕용 제품 등이 있음
목욕용 화장품	목욕용 제품으로 목욕용 오일, 정제, 캡슐, 염류(鹽類), 버블 바스(bubble baths) 등이 있음
인체세정용 화장품	인체 세정을 위한 제품으로 폼 클렌저, 바디 클렌저, 액상비누 등이 있음
눈 화장용 화장품	눈 화장용으로 아이브로우 펜슬, 아이 라이너, 아이 섀도, 마스카라, 아이 메이크업 리무버 등이 있음
색조 화장품	색조화장용으로 볼연지, 페이스 파우더(face powder), 페이스 케이크(face cakes), 리퀴드(liquid) · 크림 · 케이크 파운데이션(foundation), 메이크업 베이스(make-up bases), 메이크업 픽서티브(make-up fixatives), 립스틱, 립라이너(lip liner), 립글로스(lip gloss), 립밤(lip balm), 바디페인팅(body painting), 분장용 제품 등이 있음
기초 화장품	기초화장용으로 수렴 · 유연 · 영양 화장수(face lotions), 마사지 크림, 에센스, 오일, 파우더, 바디 제품, 팩, 마스크, 눈 주위 제품, 로션, 크림, 클렌징 워터 등이 있음
면도 화장품	면도용으로 애프터셰이브 로션(aftershave lotions), 남성용 탈쿰(talcum), 프리셰이브로션(preshave lotions), 셰이빙 크림(shaving cream), 셰이빙 폼(shaving foam) 등이 있음
두발 화장품	두발용으로 헤어 컨디셔너(hair conditioners), 헤어 토닉(hair tonics), 헤어 그루밍 에이드(hair grooming aids), 헤어 크림, 로션, 오일, 포마드(pomade), 헤어스프레이, 무스, 왁스, 젤, 샴푸, 린스, 펌(Perm)제, 헤어 스트레이트너(hair straightner) 등이 있음

두발 염색용 화장품	모발 염색을 위한 염모용(染毛用)으로 헤어틴트(hair tints), 헤어 칼라스프레이(hair color sprays) 등이 있음
방향 화장품	방향용으로 향수, 분말향, 향낭(香囊), 코롱(cologne) 등이 있음
손·발톱 화장품	손발톱용으로 베이스코트(basecoats), 언더코트(under coats), 네일폴리시(nail polish), 네일에나멜(nail enamel), 탑코트(topcoats), 네일 크림·로션, 에센스, 에나멜 리무버 등이 있음

③ 화장품의 요건

화장품은 의약품과 구분되며 인체 전체를 대상으로 오랫동안 사용가능한 물품이기 때문에 인체에 부작용이 없고 안전성이 확보되어야 하며 사용하는 동안 변질에 주의해야 한다. 이에 화장품에는 대표적으로 고려되는 네 가지 주요사항이 있으며 이를 화장품의 4대 요건이라 한다.

화장품의 4대 요건에는 안전성, 안정성, 사용성, 유효성이 있으며 안전성은 피부에 대한 자극과 알러지, 독성 등의 유해물질이 없는 것을 말하며 안정성은 보관에 있어서 변색, 변취, 변질, 미생물 오염이 없어야 함을 뜻한다. 사용성은 피부에 사용했을 때 쉽게 사용이 가능해야 함을 말하고 피부에 잘 스며들어야 하며 유효성은 피부의 노화를 억제하고 보습효과가 있으며 자외선 차단, 미백, 세정, 색채 등의 효과를 부여하는 것을 말한다.

1) 화장품의 안전성

화장품은 정상피부에 반복적, 장기적으로 사용되어 안정성을 필수조건으로 한다. 화장품의 사용은 불특정 다수를 대상으로 광범위하며 사용에 있어서 역시 사용자에게 전적으로 맡겨지므로 모든 가능성을 고려한 안전성의 확보가 필요하다. 특히 안전성은 화장품의 원료와 긴밀하게 관련되어 있으며 이에 국내에서는 화장품 원료 검수에 있어서 단회 투여 독성시험, 1차 피부자극시험, 안점막자극시험 혹은 기타점막자극시험, 피부감작성시험, 광독성 및 광감작성시험, 인체사용성시험 등을 통한 평가가 이뤄지고 있다.

2) 화장품의 안정성

화장품 기능의 발현에 있어서 원료의 화학적, 물리적 열화를 미연에 방지하는 것이 필요한데 이를 화장품의 안정성이라 한다. 안정성의 관리는 변색과 변취 등 화학적 변화, 분리, 침전, 발한, 발분 등의 물리적 변화를 예방하는 것으로 제품의 사용성과 상품가치에 직접적으로 관련된다.

3) 화장품의 사용성

화장품의 사용에 있어서 부드러운 사용감과 냄새, 색 등 소비자의 기호를 고려한 요소들을 화장품의 사용성이라 한다. 화장품 제조 및 판매에 있어서 품질평가 항목의 요소로 활용되며 화장품 판매에 있어서 주력 소비자 연령층, 체질, 피부타입, 기호성 등에 의해 다양하게 나타나므로 유동적이라 할 수 있다.

4) 화장품의 유효성

화장품의 유효성은 세정, 보습, 자외선 차단, 미백, 피부유연, 용모의 개선 등 소비자의 화장품 사용 목적에 있어서 화장품이 이를 충족시킬 수 있는 기능이 존재해야 함을 말한다.

• 화장품의 4대 요건 •	
안전성	화장품은 피부에 자극을 주거나 알러지, 독성 등 유해물질이 없어야 한다.
안정성	화장품의 보관에서 변색, 변취, 변질, 미생물의 오염이 없어야 한다.
사용성	화장품의 사용이 쉽고 피부에 잘 스며들어야 한다.
유효성	화장품은 피부의 노화 억제, 피부 보습효과, 자외선차단, 미백, 세정, 색채 부여 등의 다양한 효과가 있어야 한다.

④ 화장품의 역사

화장품은 본디 약학과 의학의 한 분야로 여겨졌으며 고대에는 화장이 일부 계층에게 독점되어 엄격한 신분제도에 따라 사용되었다. 13세기 말, 파리와 로마를 중심으로 화장을 기피하기 시작했고 이에 약학과 의학에서 분리되었다. 당대에는 화장에 대한 수요가 적고 화장을 기피하는 현상 때문에 화장품의 다양성이 떨어지고 제조기술이 발달되지 못하였다.

그러나 19세기 후반부터 화장품의 생산과 취급이 이뤄졌으며 용모를 미화하고 위생을 위해 화장품을 사용하기 시작했다. 이에 향수가 성행하였으며 향수는 백분과 향료 따위를 맷돌에 곱게 갈아 체에 걸러 제조하거나 꽃잎을 압착시켜 수증기를 활용한 향수를 만들었다. 20세기가 되어 화장품의 기업화가 본격적으로 이뤄졌으며 지금까지 다양한 화장품이 개발되고 있다.

우리나라의 경우 화장은 예부터 피부를 보호하고 혈색을 밝게 하는 미백 수단의 용도로 여겨졌고 삼국시대를 기점으로 화장술과 화장품이 발달하기 시작했다. 백제의 화장 문화 및 제조기술은 일본에 전파되었고 고려시대에는 향유(香油)가 수출되었다. 이처럼 우리나라는 서양과 같이 화장을 기피하지는 않았지만 경제적 불안정과 화장품 시장의 부진으로 화장품의 산업화가 매우 느리게 나타났다. 때문에 화장품은 주로 스스로 만들어 사용하였고 향수는 향기가 짙은 식물을 압착하여 만들고 백분과 조두(세정제)는 맷돌에 갈아 만들었다. 이에 화장품 수요는 더욱 한정적으로 제한되었으며 화장품 제조기술 또한 부진하였다.

과거 피부화장을 위한 화장품에는 세정제에 해당하는 조두와 화장수인 미안수, 크림류인 면약, 분백, 색분(色粉), 물분, 볼연지, 입술연지, 미묵(眉墨) 등이 있었으며 색분은 백합의 붉은 꽃 수술의 분말을 채취하여 사용하였고 미묵은 눈썹 및 속눈썹에 사용하는 화장품이었다. 또한 오늘날의 팩(pack)과 같이 꿀 찌꺼기를 얼굴에 골고루 펴 발랐다가 몇 분 후에 떼어내어 피부를 관리하거나 짓찧은 마늘을 꿀과 혼합하여 기미와 주근깨 제거에 사용하였다.

두발화장품에는 머릿기름(整髮油), 밀기름(着髮油), 염모제(染毛劑)가 있었으며 특히 창포에 쑥을 넣어 삶아 모발 세정을 하는 방법은 오늘날의 샴푸와 같은 기능을 하였다.

한편 우리나라에서도 향수가 성행하였으며 향수와 향료는 향로를 사용하여 향을 피우거나 주머니에 담아 패용하였으며 향낭을 장신구로 겸용하여 사용하였다.

옛날의 화장품

CHAPTER 2

화장품과 피부

CHAPTER

02 화장품과 피부

① 피부의 구조와 기능

1) 피부의 구조

피부는 인체 외부를 덮고 있는 기관으로 바깥쪽에서부터 표피, 진피, 피하지방층의 세 개의 층으로 구성되어 있다. 표피는 중층편평상피의 각질형성세포가 대부분을 차지하고 있으며 진피는 콜라겐 섬유와 탄력 섬유와 같은 기질 단백질로 이루어져 있다. 표피 아래에 위치하여 진피에는 혈관, 신경, 땀샘 등이 있고 피하지방층은 지방세포로 구성되어 있으며 인체의 체온을 조절하고 외부 환경으로부터의 보호 등 다양한 역할을 하고 있다.

(1) 표피(Epidermlis)

표피의 대부분을 차지하는 것은 각질형성세포이고 이 외에 멜라닌세포, 랑게르한스세포, 부정형세포, 머켈(메르켈)세포가 존재한다. 각질형성세포는 분화단계에 따라 안쪽에서부터 기저층, 가시층, 과립층, 각질층으로 구분된다. 멜라닌 세포는 멜라닌 색소를 만드는 세포로 표피의 가장 아래층에서 각질형성세포 10개당 1개 정도로 끼여서 분포하고 있다. 랑게르한스세포는 이 세포를 발견한 사람의 이름을 딴 것으로 피부에 존재하는 대표적인 면역 세포이다. 부정형세포는 랑게르한스 세포와 모든 형태가 동일하나 전자현미경 하에서 관찰하였을 때 랑게르한스세포에 존재하는 버벡(Birbeck) 과립이 발견되지 않는 세포를 말한다. 머켈세포는 촉각세포로 신경자극을 뇌에 전달하는 역할을 한다. 표피와 진피의 경계부에는 기저막이 있으며 표피에서 진피쪽으로 갈수록 기저세포의 원형질막과 반교소체, 투명판, 기저판, 섬유성분으로 이뤄진다.

(2) 진피(Dermis)

표피 아래에 분포하는 진피는 유두진피와 그 아래쪽의 진피의 대부분을 차지하는 망상진피로 나누어지며 주로 콜라겐 섬유와 탄력섬유 등의 기질 단백질들로 구성되어 있다. 콜라겐 섬유는 피부의 구조와 피부 탄력성 유지에 중요하며 콜라겐의 양이 부족해지거나 손상되면 피부 이상이 초래되고 노화가 나타난다. 탄력섬유는 피부의 탄력을 유지하는 물질로 변성이 오면 피부 탄력이 없어지게 된다. 그 외에 프로테오글리칸이란 단백질이 존재하여 여러 종류의 당과 결합으로 이루어져 있다. 콜라겐 섬유와 탄력 섬유가 대부분을 차지하지만 에크린선, 아포크린선, 손발톱 등의 피부부속기관이 포함되어 있다. 표피 부속기관으로서의 에크린선은 저장성 액체 생산을 통한 체온조절의 역할을 하며 표피의 부속기관으로서의 아포크린선은 역시 땀샘이지만 냄새를 내는 것을 주된 기능으로 하고 있다.

피하지방층은 지방세포로 구성되어 있으며 신경, 혈관, 피부 부속기관을 통해 구조 및 기능적으로 진피와 밀접한 관련이 있다. 열에 의한 손상 방어, 충격 흡수, 영양저장소로서의 역할을 담당하고 있다.

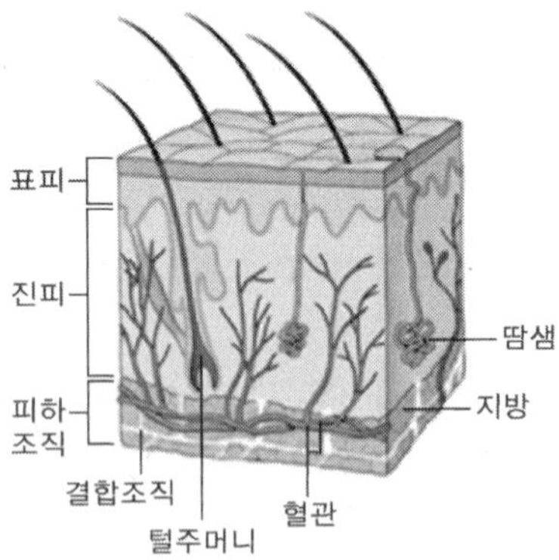

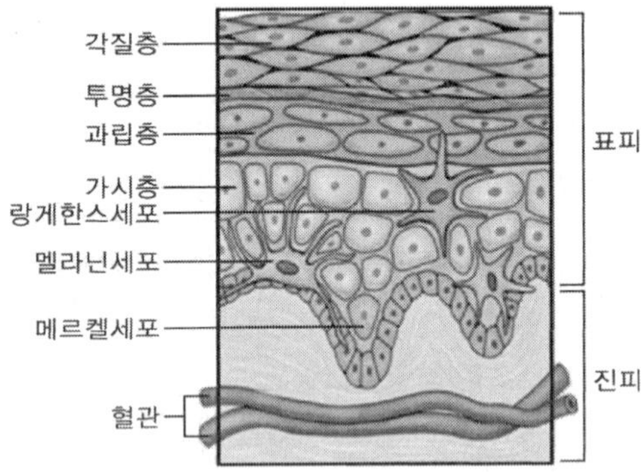

피부의 구조

2) 피부의 기능

(1) 보호기능

피부의 보호기능은 외부 환경으로부터의 자극에서 인체를 보호하는 역할을 말한다. 외부의 물리적·화학적 자극으로부터 인체의 여러 기관을 보호하며 가장 외피의 기능에 가깝다.

또한 피부의 지방산은 세균번식을 억제하고 자외선, 열, 바람, 온도 등으로부터 피부를 보호하며 체내 수분 유실을 막아주는 역할을 하고 표피의 각질층은 단단한 피막으로 형성되어 압박, 마찰 등의 자극을 방지하는 역할을 한다. 진피는 결합조직섬유와 탄력섬유가 있어 피하조직의 지방층과 함께 외부압력에 의한 충격을 완화시키는 역할을 하며 표피의 멜라닌 세포에서 합성된 멜라닌색소는 자외선의 흡수와 피부보호의 역할을 한다. 한편 투명층과 과립층은 체액의 불필요한 증발과 외부로부터의 물질침투를 방어하는 역할을 한다.

(2) 체온조절작용

인체는 약 70%의 열량을 피부를 통해 소모한다. 이에 인체의 온도는 36.5℃를 유지해야 하며 이를 위해 한선, 혈관, 피지선, 저장지방, 램프액 등의 역할을 필요로 한다. 피부는 모세혈관의 이완과 수축을 통해 혈류량을 변화시켜 체온을 조절하며 발한에 의한 수분손실을 방지한다. 또한 피하조직을 포함한 각질층의 조직은 체내 혹은 외부로부터의 열 발산을 막아주며 입모근의 수축을 통해 표피의 공기층을 형성함으로써 열의 발산을 조절하여 체온을 유지한다.

(3) 감각작용

인체의 피부에는 통각, 촉각, 냉각, 온도 감각, 압각 등의 감각점이 발달하여 외부자극에 대해 감지하고 뇌에서 신호를 받아 다양한 감각을 느끼게 된다. 이에 피부는 다양한 신경을 통해 의식적 혹은 무의식적으로 외부자극으로부터 대비하는 역할을 하며 신경말단과 수용체가 있어 외부 환경의 변화를 수용하고 적응하게 된다.

(4) 분비작용

인체의 피부는 호흡을 하며 이에 따라 땀과 피지를 분비하고 배설하며 피부 표면의 피지선과 한선이 열리면서 피지선에서 피지가 피부 표면으로 분비된다. 이러한 피지는 각질층과 털의 표면에 얇은 피지막을 형성하여 수분의 증발을 막아주고 피지가 가지고 있는 지방산은 세균과 곰팡이의 성장을 억제하는 기능을 한다. 또한 피부가 땀을 분비함으로써 피부 표면의 보습을 유지할 수 있게 하며 만일 땀의 분비가 과다하게 일어날 경우 분비되면서 증발하게 된다. 땀은 혈장과 동일한 전해질을 포함하여 혈장과 유사하다고 할 수 있다.

(5) 흡수작용

피부는 외부물질의 침입을 방어하는 역할을 하지만 물질을 흡수하는 성질도 가지고 있다. 표피와 진피를 형성하는 대부분의 층들은 투과성이 높아 선택적으로 물질을 흡수한다. 각질층만이 투과성이 낮아 마치 장벽의 역할을 한다. 피부의 흡수는 크게 각질층을 통한 흡수, 모공을 통한 흡수, 에크린한선을 통한 흡수로 구분되며 특히 각질층을 통한 흡수가 피부의 주요 흡수경로라 할 수 있다. 각질층은 각질세포와 세포간의 지질들로 이루어져 있으며 친유성(Lipophilic)의 성질을 보인다. 이에 흡수력이 우수하며 피부 수분의 함량이 증가될수록, 피부 표면의 온도가 상승할수록 흡수가 더욱 잘 이루어진다. 이에 각질층이 얇은 얼굴에는 흡수작용이 원활히 나타나지만 유아나 노인의 경우 일반적인 피부의 두께보다 얇기 때문에 흡수작용이 더욱 원활히 일어나게 된다.

(6) 저장작용

인체는 음식물을 통해 공급된 열량 중 필요한 열량을 소모하고 남은 열량을 피하지방조직에 지질의 형태로 저장시킨다. 피하조직은 피하지방으로 영양물질을 저장한다. 이에 소아기의 피부 수분량은 약 80%이지만 연령이 증가할수록 수분량은 감소되어 약 60% 정도에 이르게 된다.

(7) 비타민 형성작용

각화현상과 함께 표피 내에서 생성된 프로비타민 D와 일광 중의 자외선에 의해 비타민 D가 형성되며 체내에 다시 흡수된다.

(8) 재생작용

정상피부의 표피는 오래된 각질세포가 탈락하고 기저세포의 분열로 새로운 표피세포가 생성되는데 이는 표피의 재생이 각화된 세포 탈락에 의해 자극이 되면서 재생작용을 한다. 피부가 손상되면 기저층의 재생을 통해 상처를 회복하지만 기저층이 손상될 경우 육아조직(Granular tissue)이라 하는 결합조직이 증식되고 흉터가 남게 된다. 하지만 기저층이 손상되었을지라도 모낭과 한관이 있다면 표피 일부가 재생될 수 있다.

(9) 표정작용

피부는 외부환경과 인체 내부의 여러 영향에 따라 변화가 나타난다. 이는 감정의 변화에 따라 얼굴이 창백해지거나 털이 거꾸로 서는 것으로 인체 내부 및 외부환경에 따라 피부에서 다양한 변화가 나타난다.

3) 자외선과 멜라닌

(1) 자외선의 개요

자외선은 태양광의 스펙트럼 사진에서 가시광선보다 짧은 파장으로 사람의 눈으로 보이지 않는 빛을 말한다. 태양광선이 지구에 도달할 때 빛은 크게 자외선, 가시광선, 적외선으로 구분된다. 태양광선은 지구 복사에너지의 작은 부분으로 파장의 길이에 따라 적외선, 가시광선, 자외선, X선, 감마선 등을 대상으로 분류되었다. 가시광선은 지구에 도달하는 빛의 약 52%를 차지하는 빛으로 인체의 피하조직까지 도달하며 육안으로 볼 수 있는 빛으로 색의 지각과 직접적으로 관련되어 있다. 적외선은 약 42%를 차지하는 빛으로 인체의 근육까지 도달하는 가장 긴 길이의 장파장의 빛을 말한다. 이는 산업용이나 난방용으로 사용되기도 하지만 주로 의료용으로 사용되고 있다. 자외선은 약 6%를 차지하는 빛으로 짧은 길이의 단파장 빛으로 인체에 유해하며 UVA(320~400nm), UVB(280~320nm), UVC(280nm 이하)로 나뉜다.

① UVA(Ultraviolet A)

자외선 A라 하며 320~400nm 길이의 긴 파장의 광선이다. 이는 형광빛, 삼파장, 할로겐 등에서 방출되기도 하며 우리가 일상생활에서 쉽게 접하는 광선으로 피부의 표피와 진피, 피하지방까지 침투하며 주름을 형성시키고 피부에 색소가 침착되도록 하여 피부 노화를 촉진시킨다. 장파장 광선으로 오존층에서 흡수되지 않기 때문에 대부분 지구의 지표면에 도달하며 피부에 가장 깊숙하게 침투한다. 만약 이에 장시간 노출될 시 UVB보다 심각한 광손상을 유발하며 비록 UVB보다 에너지 강도가 적을지라도 구름, 창문, 유리, 커튼을 통과하는 투과성을 가지고 있다.

② UVB(Ultraviolet B)

자외선 B라 하며 약 280~320nm의 중파장의 광선이다. 대부분 오존층에서 흡수되지만 일부는 지표면에 도달할 수 있으며 UVA에 비해 태양광선이 1/100 밖에 방출되지 않지만 세기는 훨씬 강하여 피부에 큰 영향을 미친다. 하지만 적당량의 UVB는 피부에서 프로비타민 D를 활성화시켜 비타민 D로 전환시켜 주며 이는 인체의 필수적인 비타민으로 면역력을 강화시켜준다. 비록 UVB는 지구에 극소량 도달하지만 동물의 외피를 태우거나 피부의 핵산과 단백질 합성을 억제하고 세균의 감염과 암을 유발시키는 등 많은 생물학적 인체손상을 가져오는 인체에 가장 영향력이 큰 광선이다. 특히 피부 광손상의 주요원인이 되며 단기간에 유두층의 혈관 부근까지 침투하여 일광화상과 홍반 등을 일으킨다.

③ UVC(Ultraviolet C)

자외선 C라 하며 280nm 이하의 단파장으로 가장 파장이 짧고 강한 자외선이다. 이는 피부 표면의 과립층까지 투과하는 광선이지만 성층권의 오존층에서 대부분 흡수되어 지표면에 도달하지 못한다. 하지만 최근에는 환경오염으로 인한 오존층 파괴로 UVC의 차단이 어려워지면서 염색체 변이, 단세포 유기물 파괴, 눈의 각막 손상 등 생명체에 해를 끼치고 있다.

④ 적외선(Infrared)

적외선은 피하조직 이하까지 침투하며 고열의 상태에서도 피부에 깊숙하게 침투되는 이로운 광선이라 할 수 있다. 체온의 증가 없이 피부 온도를 상승시켜 피부를 이완하는 역할을 하며 혈액순환과 임파의 흐름을 증진시킨다. 또한 신진대사를 활성화시키며 피부의 이로운 생성물의 원활한 흡수를 돕고 노폐물이 쉽게 배출될 수 있게 한다.

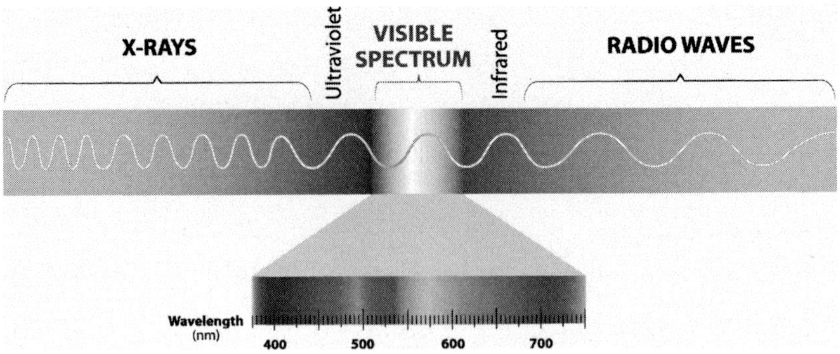

태양광선 스펙트럼

(2) 자외선과 피부반응

① 홍반반응(Erythema)

홍반반응은 주로 UVB에 의해 발생되는 가벼운 일광화상으로 일시적이다. UVB에 의해 DNA가 손상되고 혈관이 늘어나 자외선 노출 시 4~5시간 후 이 현상이 나타나며 12~24시간 안에 절정에 이르고 72시간 이후 사라짐을 보인다. 이에 대한 증상은 홍반, 물집(수포), 심한 오한과 발열, 손상된 각질형성, 답피증식 등이 있다.

② 색소침착(Hyperpigmentation)

색소침착은 즉각 피부 색소침착과 자연 색소침착으로 나뉜다. 즉각 피부 색소침착은 주로 UVA에 의해 나타나며 피부층에 존재하는 멜라닌이 광(光)에너지에 의해 일시적으로 산화되면서 나타난다. 자연 색소침착은 주로 UVB에 의해 나타나며 노출 72시간 이후부터 티로시나아제가 활성화되면서 멜라닌이 생성되면서 나타난다.

③ 면역기능(Immune reaction)의 저하

일광화상 부위의 면역세포인 랑게르한스세포(Langerhans cell)를 감소시키며 DNA를 손상시킨다.

④ 광노화(Photoaging)

태양광선에 의한 노화로 각질층의 수분이 탈수되면서 피부가 거칠어지고 표피가 두터워진다. 이에 깊은 주름과 잔주름이 형성되어 노화를 촉진시키며 진피의 콜라겐과 엘라스틴 섬유를 파괴하여 피부 탄력성을 후퇴시킨다. 광노화로 인해 피부는 불규칙한 색소침착, 기미, 주근깨, 일광흑자 등의 색소질환에 의한 변화와 검버섯, 쥐젖, 피지선 증식 등의 양성질환을 동반하게 된다. 이는 조기노화의 주요 원인으로 자외선차단제 사용의 필요성을 보여준다.

⑤ **피부암(Skin cancer)**

자외선에 의해 피부 세포의 DNA가 손상되면서 피부 세포의 구조와 성장, 기능성, 재생산의 역할이 저하된다. 이러한 손상이 복구되지 않게 되면 손상의 누적으로 피부는 수년간의 변화과정을 통해 피부암이 발생될 수 있다. 이는 일반적으로 자외선에 과다한 노출을 주요 원인으로 보며 특히 UVB는 기저세포암과 편평상피세포암을 유발하여 전체 피부암의 80%를 차지할 정도로 피부암 유발의 주요 원인으로 보고 있다. 한편 UVC는 흑색종을 유발하며 이는 세포마다 멜라닌을 침착하여 확산시키는 성격이 있다. 이러한 흑색종의 발생은 할로겐등, 형광등에서 발생하는 UVC처럼 생활광선에 장시간 노출될 경우에도 발생될 수 있다.

(3) 피부와 멜라닌

① **멜라닌의 이해**

멜라닌은 피부나 눈 등에 존재하는 흑색, 갈색의 색소를 총칭하는 것으로 일정량 이상의 자외선을 차단하는 기능이 있다. 이는 피부의 체온을 유지시켜주며 자외선으로부터 피부를 보호해준다. 또한 멜라닌의 양에 의해 피부색이 결정되며 피부색은 표피에 존재하는 멜라닌세포(Melanocyte)에서 생성된 멜라닌(Melanin)색소의 양과 분포로 결정된다. 이때 멜라닌은 갈색, 카로틴은 노란색, 헤모글로빈은 붉은색이나 파란색 등의 색소가 관여하며 피부의 색을 결정하는 요소에는 멜라닌과 같이 선천적인 경우와 외부환경에 의해 피부색이 변화하는 후천적 경우가 있다.

② **멜라닌의 생성**

멜라닌색소는 표피의 멜라닌세포(Melanocyte)에서 티로신(Tyrosin)에 티로시나아제(Tyrosinase)라는 효소가 작용한다. 티로시나아제에 의해 티로신이 산화되어 도파(DOPA)가 만들어지는데 이는 후에 멜라닌색소가 된다. 이러한 멜라닌색소는 피부의 염증, 내분비 이상, 신경성 요인, 임신 등에 의해서도 만들어지며 자외선의 영향으로 피부의 색이 검게 변하는 것 역시 이와 관련이 있다. 하지만 멜라닌색소의 자외선 흡수는 에너지가 피부 내부로 침투되지 않도록 막아주며 일광으로부터 피부를 보호해주는 역할을 하며 피부 신진대사의 활동에 의해 첨차 피부 표면으로 올라와 기질과 함께 표피에서 탈락한다.

한편 멜라닌이 자외선에 반응할 때 티로시나아제의 합성이 이루어지며 멜라노솜(Melamosome)이라 하는 특수한 구조를 형성한다. 이는 작은 자루의 모양으로 멜라닌세포의 세포질 내에서 생성되는 특이한 구조로 멜라닌세포가 멜라노솜을 확산하고 응집하면서 피부색의 변화가 나타난다. 본디 표피의 멜라닌세포는 피부색과 관계없이 수가 일정하기 때문에 멜라노솜의 수와 크기가 피부색 결정의 중심이 된다. 예로서 같은 크기일지라도 흑인은 멜라노솜이 산재되어 있으나 백인은 멜라노솜이 얇은 막에 의해 응집되어 희게 보인다. 멜라닌의 종류에는 검은색과 갈색의 주요성분인 유멜라닌(Eumelanin)과 적색성분인 페오멜라닌(Pheomelanin)이 있으며 이들은 자외선을 흡수하여 체내에 자외선이 침투되지 않도록 막아주며 일광으로부터 피부를 보호하고 체온을 유지하는 역할을 한다.

③ **자외선과 활성산소**

활성산소(Active Oxygen)는 유해산소(Harmful Oxygen)라 불리기도 하며 티로신이 티로시나아제의 촉매작용으로 산화반응을 일으킬 때 반응성이 높은 산화반응으로 생성되며 활성산소의 증가는 교원섬유의 손상과 주름 발생의 원인이 된다. 인체를 손상시키는 활성산소는 수퍼옥사이드(Superoxide : O), 과산화수소(Hydrogen peroxide : H_2O_2), 히드록시라디칼(Hydroxy radical : OH), 싱글렛옥시젠(Singlet oxygen : O)이 있다. 이러한 활성산소는 피부 세포와 조직을 손상시키고 노화를 촉진시키며 자외선 외에도 스트레스, 음주, 흡연, 각종 공해물질에 의해 발생이 촉진된다. 이때 이를 제거해주는 물질을 항산화제(Antioxidant)라 하는데 비타민 C, E, A, 베타-카로틴(Bata-carotene), 수퍼옥사이드 디스뮤타제(Superoxide dismutase)가 이에 속한다.

산소(O_2)에서 수퍼옥사이드가 만들어진다. → 수퍼옥사이드에서 과산화수소가 생성된다. → 과산화수소에서 히드록시라디칼과 싱글렛옥시젠이 만들어진다.

체내에서 활성산소가 생기는 경로

2 피부와 보습

1) 천연보호막

부드럽고 촉촉한 피부의 유지를 위해서 피부가 필요로 하는 수분을 유지해야 하는데 이는 피부 각질층 표면에 얇은 기름막을 형성하여 수분의 증발을 막아 피부를 보습한다. 이때 이 얇은 기름막을 천연보호막이라 한다.

천연보호막은 피부 표면을 덮는 얇은 막이며 피지선과 한선에서의 피지와 땀에 의해 형성된다. 때문에 천연피지막이라 하기도 하며 피부상태에 따라 유중수(油中水) 상태와 수중유(水中油) 상태로 달라지는데 보통의 천연보호막은 유중수의 상태이다. 유중수는 기름 속에 수분이 유화된 상태로 땀을 흘릴 경우 체온유지를 위하여 수중유 상태로 전환된다. 이를 피부가 수분조절을 하기 위해 가역적인 전환을 하는 것으로 화장품이 추구하는 이상이자 목표라 할 수 있다.

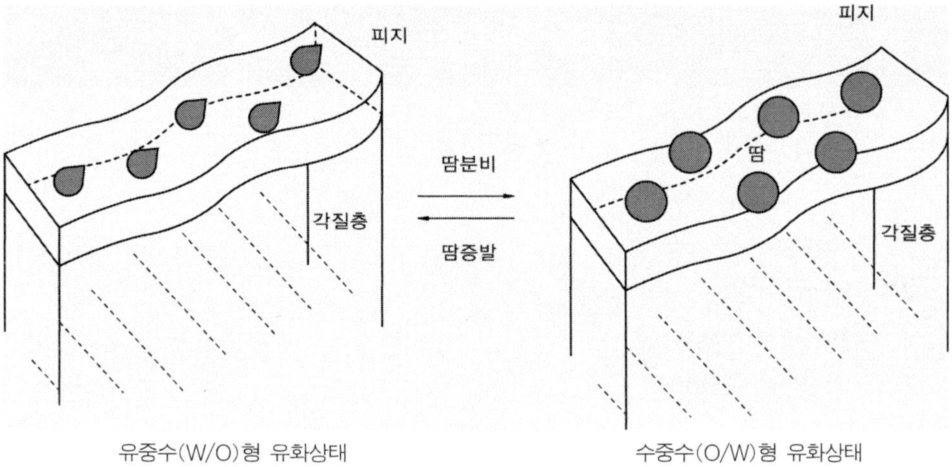

천연보호막의 가역적 전환

2) 천연보습인자(NMF)

천연보습인자(Natural Moisturizing Factor)는 피부 각질층에 존재하는 수용성 성분들의 총칭으로 피부의 유연성을 상징한다. 가장 많이 함량된 아미노산과 무기염(18.5%), 피롤리돈 카르본산(12%)과 젖산염(12%)으로 구성되어 있다.

3) 세포간지질(細胞間脂質)

세포간지질은 피지 외에 피부각질층 자체에 생기는 지질이며 물 분자와 수소결합을 형성하여 층상의 라멜라(Lamella) 구조를 형성하여 수분을 유지한다.

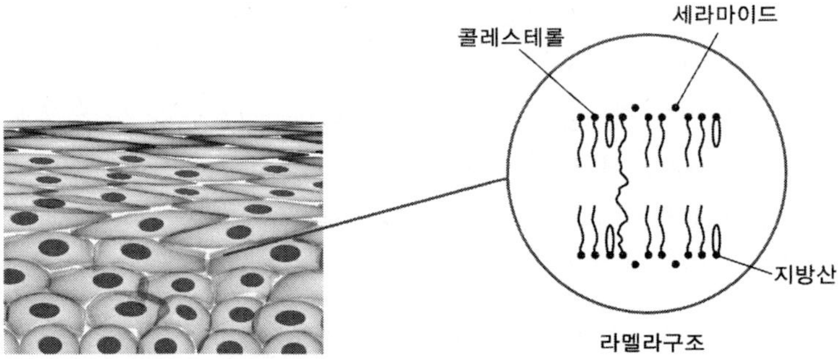

• 피지와 세포간지질의 성분비교 •		
주요성분	피지	세포간지질
스쿠알렌(Squalene)	10	-
트리글리세리드(Triglyceride)	43	-
왁스(Wax)	22	-
지방산(Fatty acid)	25	30
콜레스테릴 에스테르(Cholesteryl ester)	-	5
콜레스테롤(Cholesterol)	-	15
세라마이드(Ceramide)	-	50

3 피부의 노화

1) 노화(老化, Aging)의 정의

피부의 노화는 나이가 들어가면서 생명력이 감소되는 현상을 말하며 세포의 유전자, 단백질이 변화되면서 외부에 대한 적응력이 점차 쇠퇴되고 생리기능이 서서히 감퇴되는 현상이라 할 수 있다. 노화는 개인에 따라 부위와 속도가 다르게 나타나며 신체 성장이 멈추는 시기부터 시작된다. 표피는 세포의 재생이 반복되지만 진피는 신체 성장이 멈추면서 노화가 시작되기 때문에 점차 주름이 증가하고 피부의 이완에 의한 탄력성, 윤기와 광택, 매끄러움이 저하된다.

2) 노화의 형태

(1) 자연노화

자연노화는 내인적 요인에 의한 노화로 만 25세를 기준으로 나이가 들면서 신체적 변화가 나타나고 체내의 기능이 저하되는 현상을 말한다.

표피의 자연노화는 피부재생이 둔화되면서 피부의 혈색이 저하되고 각질형성세포(Keratinocyte)의 케라틴 합성이 감소되면서 각질층의 케라틴층과 천연보습인자 등 여러 효소가 감퇴하게 된다. 또한 각질층의 수분결핍이 심화되면서 피지 생산이 감소하고 산성보호막의 기능이 쇠퇴하면서 멜라닌세포의 멜라닌 생성이 활성화된다. 이에 노인의 표피는 청년층에 비해 2배 정도 얇고 세포간의 응집력이 떨어지게 된다.

진피의 자연노화는 혈액공급의 변화에 의해 나타나는데 노화가 진행될수록 피부의 혈액공급이 원활하게 수용되지 못한다. 이는 노화로 인해 동맥을 두껍게 하는 모세혈관이 얇아지면서 진피와 표피 간의 연결성과 견고성이 저하되기 때문이다. 이에 콜라겐과 엘라스틴의 함량이 줄어들고 이로 인해 피부는 늘어지고 주름이 지며 손상되기 쉬워진다. 특히 피부의 기질(Groundsubstance)은 세포간의 콜라겐과 탄력섬유 등 섬유질 사이를 채우는 물질로 강력한 수분보유 능력이 있으나 노화의 진행은 이를 후퇴시켜 피부 탄력성을 저하시키고 피부이완과 주름형성을 촉진시킨다.

피부부속기관의 자연노화는 노화가 진행될수록 여성 호르몬이 감소하고 분비기능이 저하되면서 땀과 피지분비가 줄어들게 된다. 이에 체온조절이 불안정해질 수 있으며 남성호르몬이 감소할 경우 아포크린한선(Apocrine gland)의 기능 역시 저하되며 이는 모발의 탈모를 초래한다.

(2) 광노화

광노화는 외인적 요인으로의 노화로 태양광선에 의한 주름 발생 및 피부 색소침착, 흑색종의 발생 등 색소질환의 증가와 피부거칠과 건조, 탄력성 저하, 모세혈관 확장, 노인성 자반얼룩 등의 피부변화를 유발한다.

3) 노화의 현상

(1) 표피의 노화

피부의 노화는 표피의 '각화'와 각질세포가 교체되는 '턴-오버'에 의해 일어난다. 각질세포는 표피의 90% 이상을 차지하며 표피 기저층에서 생성되어 표면으로 점차 올라와 약 14일 후에 핵이 없는 죽은 세포가 된다. 이를 각화(Keratinization)현상이라 한다. 죽은 세포는 약 4주의 간격으로 피부에서 탈락되며 표피는 새로운 세포로 교체된다. 이때 교체된 세포를 턴-오버(Turn-over)라 한다. 피부가 노화될수록 기저층의 세포분열이 저하되기 때문에 세포의 교체가 느려지게 되어 턴-오버에 도달하는 시간이 길어지기 때문에 각질층은 두꺼워진다.

(2) 진피의 노화

탄력 있는 피부의 진피는 교원섬유(Collagen)이 입체구조를 이루고 그 사이에 강한 탄력섬유가 스프링의 역할을 하지만 노화가 진행될수록 교원섬유는 파괴되고 탄력섬유(Elastin)도 신축성이 떨어지게 된다. 또한 히알루론산은 연령 증가와 함께 감소되어 피부는 건조해지고 탄력성이 떨어지며 주름이 생기게 된다. 탄력섬유(Elastin)는 체내에서 생성되는 말론 디알데히드(Malone dialdehyde : MDA)에 의해 가교결합이 형성되면서 신축성이 저하된다. 또한 기질에 있는 히알루론산이 줄어들게 된다. 이처럼 진피가 변성함을 통해 피부는 팽팽함과 탄력을 잃어 주름이 생기게 된다.

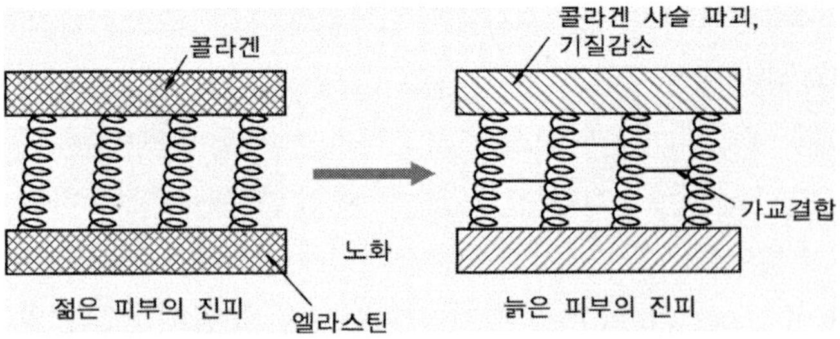

④ 피부의 유형

1) 정상피부(Normal skin)

정상피부는 피부조직과 생리적 기능이 모두 정상적으로 이뤄지는 이상적 피부상태를 말한다. 이는 피부 결의 입자가 섬세하고 표면이 매끄러워 탄력성이 좋으며 엷은 분홍빛의 혈색을 띤다. 또한 피부가 촉촉하고 표면에 가벼운 윤기를 부여하며 모공이 크지 않아 여드름과 뾰루지가 잘 생기지 않는다. 피부의 생리적 기능의 저하와 외부 유해환경으로부터 복합성 피부로 변할 수 있으며 계절의 영향을 받아 피부의 상태변화가 쉽게 일어나고 겨울에는 수분과 피지부족으로 건성피부가 될 수 있어 꾸준한 관리가 필요하다.

2) 건성피부(Dry skin)

건성피부는 각질층의 수분함량이 10% 이하인 수분 부족 상태로 피부 표면에 윤기가 없고 U-존(U-zone)이 건조하며 각질층에 10~20% 수분 함량에 미달되는 유형이다. 거친 피부와 약간의 홍반현상이 나타나며 수분과 피지 분비 기능이 저하되어 섬유아세포의 기능에 이상이 생긴다. 섬유아세포의 이상은 콜라겐의 원활한 생성을 방해하고 교원섬유의 손상을 초래하여 노화를 촉진하게 된다. 또한 건성피부는 주름과 색소의 침착이 두드러지게 나타나며 주요 원인에는 연령, 계절과 같이 내인적 요인보다는 외인적 요인에 영향을 많이 받는다. 특히 생리적 노화에 의한 피부의 유·수분 저하는 피부의 건조와 주름 형성, 색소침착 등을 유발하며 수분부족에 비해 유분부족의 건성피부는 악건성과 노화의 원인이 될 수 있다. 이에 피지와 수분 손실에 유의한 세안이 필요하며 보습효과가 큰 화장품의 사용으로 피부표면에 수분을 공급해야 한다.

3) 지성피부(Oily Skin)

지성피부는 피지 분비량이 많은 유형으로 정상피부에 비해 피지선과 한선의 기능이 항진된 피부이다. 피부 표면이 거칠며 모공이 넓어 끈적임이 있고 유분이 많으며 특히 T-존 부위는 모공이 크기 때문에 개방면포(Black comedo)가 관찰되기도 한다. 또한 지성피부는 피지가 모낭 밖으로 배출되지 못해 모낭 속에 축적되어 모공 안에서 각질의 과각화현상이 일어나면서 나타난다. 모공의 각질이 혐기성 세균의 번식과 염증, 여드름과 같은 피부 트러블을 유발할 수 있어 주의가 필요하다. 이러한 유형은 젊은 사람에게서 찾을 수 있으며 대체로 얼굴이 번들거려 화장이 쉽게 지워지고 특히 이마와 코, T-존(T-zone), 턱이 가장 많이 번들거린다. 하지만 윤기와 탄력이 있는 피부로 피부 노화가 쉽게 진행되지 않으며 딥클렌징(Deep Cleansing)으로 모공의 과잉피지를 제거해주는 것이 효과적이다.

4) 복합성피부(Combination Skin)

복합성피부는 피지분비량이 불균형하여 2가지 이상의 피부유형이 함께 존재함을 말하며 T-존과 U-존은 피지선과 한선의 기능 감퇴와 증가에 따라 지성피부와 건성피부의 피부유형을 나타낸다. 볼과 눈 주위 근육의 피지 분비는 수분함량에 따라 건성, 민감성 피부가 되기도 하며 정상피부라 할지라도 연령 증가나 잘못된 피부 관리와 같은 외부환경의 영향에 따라 복합성 피부유형이 될 수 있다.

5) 민감성피부(Sensitive Skin)

민감성피부는 대체로 피부유형과 관계없이 외부 자극에 대한 저항력이 떨어지고 화학적·물리적 반응에 예민한 피부를 말한다. 이는 특정 환경에 노출될 때 홍반, 화끈거림, 따가움, 가려움, 피부 당김, 인설, 피부 통증 등의 증상을 동반한다. 이는 각화과정이 정상피부보다 빠르게 이루어져 피부혈관과 모세혈관, 가느다란 동맥이 육안으로 볼 수 있을 정도로 확장된 피부 상태를 보이며 홍조와 잦은 알레르기가 발생된다. 또한 계절의 영향으로 모세혈관의 수축이 퇴보되어 가려움증이 나타날 수 있다.

CHAPTER 3

화장품의 원료 및 제형

실용화장품학

CHAPTER 03

화장품의 원료 및 제형

① 화장품의 원료

1) 화장품 원료의 개요

화장품은 성분의 배합에 따라 제품의 종류와 기능, 제형의 변화가 다양하게 나타난다. 이에 화장품의 배합은 수성원료와 유성원료, 두 성질의 원료를 결합시켜주는 계면활성제를 중심으로 구성된다. 이를 바탕으로 피부 생리학적 기반의 화장품이나 매력적 이목구비의 표현을 위한 미적 기반의 화장품, 또는 기타의 기능성 도출을 위한 다양한 첨가물과 색소 및 향료의 다양한 원료들이 첨가되어 화장품이 제조되고 있다.

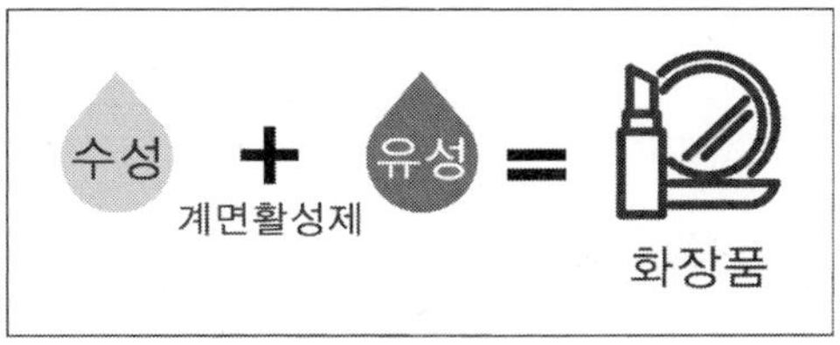

2) 화장품 안전기준

「화장품법」 제8조의 규정에 의한 화장품 안전기준은 제 1조 그 목적을 화장품에 사용할 수 없는 원료 및 사용상의 제한이 필요한 원료에 대하여 그 사용기준을 지정하고, 유통화장품 안전관리 기준에 관한 사항을 정함으로써 화장품의 제조 또는 수입 및 안전관리에 적정을 기함을 목적으로 한다.

제8조 제 2조는 적용범위에 대한 규정으로 이는 국내 제조, 수입 또는 유통되는 모든 화장품에 적용됨을 밝히고 있다.

(1) 화장품 위해성평가

화장품의 사용연령이 낮아지고 대중화되면서 그 종류가 더욱 다양해지고 있다. 하지만 국민보건상 위해의 우려가 제기되고 있어 국내에서는 화장품 위해성평가를 통해 화장품 원료 위해요소의 신속한 평가로 인체 위해여부를 판단하고 있다. 이에 인체에 위해한 원료로 판명된 원료는 화장품에 사용할 수 없는 원료로 지정되거나 다시 사용기준을 설정하게 된다.

① 화장품 위해성평가의 필요성

화장품은 식품과 같이 직접적으로 몸에 들어가서 흡수되는 것이 아니라 피부와 호흡을 통해 흡수되므로 건강상에 심각한 위해를 일으키는 것은 아니지만 최근 화장품의 사용연령이 낮아지고 종류가 다양해지면서 반복적인 노출과 많은 사용으로 인해 화장품의 안전성 확보를 위한 노력이 점점 중요해지고 있다. 이에 화장품의 안전성 확보를 위해 국제적으로 인정되는 방법 중 하나가 '위해평가'이며, 우리나라에서도 화장품의 성분의 안전성을 확보하기 위한 화장품의 위해평가를 적극적으로 활용하고 있다.

• 화장품안전기준의 위험성과 위해성 •	
위험성(Hazard)	물질 자체에 내재되어 있는 물질고유의 독성
위해성(Risk)	인체에 유해영향이 나타날 확률, 유해물질이 인체에 노출될 때의 유해영향을 나타낼 수 있는 가능성

② 위해요소 평가 및 위해여부의 결정

화장품 위해성 평가에 있어서 식품의약품안전처장은 국내외에서 유해물질이 포함되어 있는 것으로 알려지는 등 국민보건에 위해 우려가 제기되는 화장품 원료 등의 경우 위해요소를 신속히 평가하여 그 위해 여부를 결정한다. 화장품 위해성평가에 있어서 평가해야 할 요소에는 화장품 제조의 원료, 중금속, 환경오염물질 및 제조·보관 과정에서 생성되는 물질 등 화학적 요인, 이물(異物) 등 물리적 요인, 세균 등 미생물적 요인, 위해평가의 절차 및 방법이 있으며 위해평가의 과정은 확인, 결정, 평가의 순으로 실시되고 있다.

▶ 국제기구 또는 외국 정부가 인체의 건강을 해칠 우려가 있다고 인정하여 판매하거나 판매할 목적으로 제조 수입·사용 또는 진열을 금지하거나 제한한 화장품

▶ 국내외의 연구·검사기관에서 인체의 건강을 해칠 우려가 있는 원료 또는 성분 등이 검출된 화장품

▶ 새로운 원료·성분 또는 기술을 사용하여 생산·제조·조합되거나 안전성에 대한 기준 및 규격이 정해지지 않아 인체의 건강을 해칠 우려가 있는 화장품

• 화장품 위해성평가 방법 •	
위험성 확인 → 위험성 결정 → 노출평가 → 위해도 결정	
위험성 확인	위해요소 노출에 따라 발생할 수 있는 독성의 정도와 영향의 종류를 파악
위험성 결정	동물(대체) 실험결과의 불확실성 등을 보정하여 인체 노출 허용량을 결정
노출평가	화장품의 사용을 통해 노출되는 위해요소의 양과 수준을 정량적, 정성적으로 산출
위해도 결정	위해요소를 함유한 화장품 사용에 따른 건강상 영향, 인체노출 허용량 또는 수준 및 화장품 이외의 환경 등에 의해 노출되는 위해요소의 양을 고려하여 사람에게 미칠 수 있는 위해의 정도와 발생빈도를 정량적, 정성적으로 예측

③ 화장품 원료 11종의 위해성 평가

식품의약품안전평가원은 안심하고 사용할 수 있는 소비자의 화장품 사용을 위하여 화장품 살균 및 보존 목적의 파라벤, 메칠클로로이소치아졸리논·메칠이소치아졸리논(CMIT·MIT), 트리클로산 등의 11종 성분 위해 평가를 실시하였다. 2017년 화장품 원료 11종에 대한 위해평가 결과는 다음과 같다.

• 화장품 원료의 11종 위해평가 •

구분	물질명	위해평가 시 화장품 중 함량	안전 기준
살균보존제	부틸·프로필·이소부틸·이소프로필 p-하이드록시 벤조익애씨드*	0.8%	100 이상
	메칠클로로이소치아졸리논과 메칠이소치아 졸리논 혼합물	0.0015%	100 이상
		사용 후 씻어내는 제품 0.0015%	1 이상 (피부 감작성)
	트리클로산	0.3% 사용 후 씻어내는 인체세정용 제품, 데오도란트, 색조화장품 (액체파운데이션·메이크업리무버)	100 이상
	메칠이소치아졸리논	0.01%	100 이상
		사용 후 씻어내는 제품 0.01%	1 이상 (피부 감작성)

구분	물질명	위해평가 시 화장품 중 함량	안전 기준
살균보존제	비페닐-2-올	0.15%	100 이상
	세틸피리디늄 클로라이드	0.08%	100 이상
	클림바졸	0.5%	100 이상
	페닐살리실레이트	0.2%	100 이상
	폴리(1-헥사메칠렌바 이구아니드) 에이치씨엘	0.05%	100 이상
자외선차단제	드로메트리졸	1.0%	100 이상
비의도적혼입물질	자일렌	0.01%	100 이상

※ 안전역 : 독성을 나타내지 않는 최대용량(무독성용량)을 전신노출량으로 나눈 값(최대무독성용량/전신노출량), 100보다 클 때 안전한 것으로 평가

※ 피부감작 안전역: '피부감작을 나타내지 않는 최대용량(수용 가능한 노출수준)'을 소비자노출수준으로 나눈 값으로 1보다 큰 경우 안전한 것으로 간주(수용 가능한 노출수준/소비자 노출수준≥1)

3) 화장품 원료의 종류

(1) 수성원료

물에 녹는 성분으로 화장품 제조 시 제품의 용매 역할을 하며 보습제의 글리세린이 대표적 수성원료이다.

① **정제수(Purified water)**

상수를 증류하거나 이온교환수지를 통해 정제한 물을 말하며 불순물이 가능한 한 제거되어 순수한 물에 가까운 물을 말한다. 이는 증류수나 이온교환수를 나타내어 화학분석에 사용되며 정제 단계에 따라 순수한 물과 구별된다. 화장품 제조에 사용하는 물은 이온교환 방식이나 역 삼투압 방식에 의한 정제수 등이 사용된다.

② **에탄올(Ethanol)**

에틸알코올(Ethyl alcohol)이라 하며 일반적으로 알코올이라 불리는 향이 있는 무색의 투명한 액체이다. 탄화수소가 적을수록 저급알코올이며 많을수록 고급알코올에 속한다. 화장품에는 저급알코올이 주로 사용되며 화장품에 사용되는 에탄올은 술을 빚는 용도로 사용할 수 없도록 메탄올, 부탄올, 페놀 등의 변성제가 첨가된 변성에탄올(Specially-denatured alcohol, SD alcohol)이다. 화장품 제조에 많이 사용되는 변성에탄올은 부탄올로 변성시킨 SD-Alcohol 40이 있으며 에탄올은 수렴, 청결, 살균, 가용화제의 역할을 한다. 또한 휘발성이 강하여 피부에 청량감과 수렴효과를 주며 건성피부에는 무알코올 혹은 알코올 함량이 적은 제품이 적합하다.

③ 글리세린(Glycerin)

보습제의 대표적 원료로 무색·무취의 액체로 물과 에탄올에 용해되며 수분 흡수력이 우수하다. 이에 크림이나 유액 등 유화 제품의 원료로 수분 증발을 억제하고 점도를 유지하기 위해 사용된다.

정제수와 증류수

※ 증류수(Distilled water)

증류수는 보통의 물을 뜻하며 각종 유기물 및 무기물을 함유하고 있어 순수하지 못하다. 이에 증류횟수가 늘어날수록 순도가 높아지며 의약용이나 실험실에서 주사액과 각종 제제, 시약, 규정액, 표준액, 조제 및 시험에서 사용된다. 이는 물과 각종 제제를 증류하여 발생된 수증기를 냉각해 만들어지며 무색, 무취, 무미의 액체상태로 공기 중에 유출되면 이산화탄소의 흡수를 통해 약한 산성(pH 약 5.7)이 된다. 또한 증류수를 고압 증기 멸균한 것을 멸균 증류수라 하며 안약의 조제 등에 사용되고 있다.

(2) 유성원료

지용성이며 피부에 얇은 막을 형성하여 수분의 증발을 방지하여 윤택한 피부와 매끄러운 사용감촉을 위해 사용된다.

식물성

식물성 유성원료는 식물성 오일이라 하며 식물의 잎이나 열매에서 향을 추출하여 냄새가 좋지만 부패되기 쉬우며 피부에 늦게 흡수된다.

① 달맞이꽃 종유(Evening Primrose oil)

달맞이꽃의 학명은 "Oenothera biennis"이며 원산지는 남미 칠레이다. 우리나라에서도 쉽게 볼 수 있는 꽃으로 무색이나 노랑의 오일로 달맞이꽃 씨앗에서 추출된다. '월견초유'라고도 하며 비타민 E, 미네랄, 감마리놀린산(GLA)이 풍부하여 모이스쳐라이져, 에몰리언트에 주로 사용되고 피부 기미 및 주름 개선과 건조증 제거에 효과가 있다. 달맞이유는 민감성피부를 포함한 어떤 피부타입에도 효과적이며 피부조직의 재생 및 세포의 활성화와 신진대사 향상의 기능이 있어 피부 보습의 작용이 우수하여 피부 보호에 효과적이다.

② **동백유(Camella oil)**

동백유의 학명은 "Camellia Japonica Seed oil"이며 동백나무 Camellia japonica Linne (Theaceae) 종피를 제거한 종자에서 추출된 유지로 산화방지제와 피부컨디셔닝제를 사용목적으로 한다. 올레인산이 다량 포함되어 항산화 효과가 우수하고 끈적임이 없으며 습윤하여 두발제품에 주로 사용되고 있다.

③ **로즈힙 오일(Rosehip oil)**

로즈힙 오일의 학명은 "Rosa Canina Fruit oil"이며 칠레산 야생 장미의 종자를 압착하여 추출한 지방유이다. 이는 피부 화상 및 상처치유에 효과가 있고 노화 억제와 에몰리엔트 및 색소침착 방지의 효과가 있어 피부컨디셔닝제로의 사용을 목적으로 한다.

④ **마카다미아 넛트 오일(Macadamia nut oil)**

마카다미아 넛트 오일의 학명은 "Macadamia Integrifolia seed oil"이며 호주 산지의 상록수 열매인 마카다미아에서 추출된 오일로 '사라지는 오일'이라 불릴 정도로 피부 흡수력과 유연성이 우수하다. 이는 트리글리세리드의 지방산으로 조성되어 인체의 피지와 유사하며 피부보습의 효과를 통해 주로 에몰리엔트제로 사용된다.

⑤ **보라지유(Borage oil)**

보라지유의 학명은 "Borage officinalis oil"이며 다년생 식물로 '서양자초', '유리지치'라고도 한다. 청량한 오이향취로 꿀벌이 좋아하는 식물이며 시리아와 아시아 지역을 중심으로 지중해연안, 유럽 전역에서 재배되고 있다. 이는 씨앗을 압착하거나 용매를 추출하여 오일을 얻으며 추출된 오일에는 불포화지방산인 리놀렌산과 감마-리놀렌산이 약 40%, 25% 함유되어 있다. 감마-리놀렌산은 산화는 빠르지만 피부 재생 및 노화 억제 효과가 있으며 피부 보습의 효과가 있다.

⑥ **살구씨유(Apricot kernel oil)**

살구씨유의 학명은 "Prunus armeniaca oil"로 중국에서 처음 재배되어 페르시아로 전달되었으며 중국을 비롯하여 지중해 연안과 미국, 캘리포니아, 남아프리카, 호주에서 재배되고 있다. 살구 씨에서 추출된 오일로 미네랄과 비타민, 비타민 A가 풍부하며 천연 'blood tonic'이라 불린다. 이는 저온의 액체 상태로 피부 흡수력이 좋아 피부의 탄력 유지 및 주름 제거, 피부재생의 효과가 있다. 또한 민감성 피부나 어린 아이의 피부에도 효과적이며 포화지방산의 함량이 적어 끈적임이 없고 유연성이 좋으며 가벼운 사용감촉으로 광물성 오일을 대신하는 식물성 오일이라 할 수 있다. 이에 살구씨유는 모든 피부타입의 얼굴과 몸에 기초화장품으로 활용되고 있다.

⑦ **아보카도유(Avocado oil)**

아보카도유의 학명은 "Persa Americana oil"이며 악어배(Alligator pear)라고도 한다. 이는 아보카도 나무(Persea American Mill) 열매의 냉동압착으로 추출되며 다른 식물성 유지보다 많은 비타민을 함유하고 있다. 또한 안전성과 산화안전성이 높아 불포화지방산과 80%의 올레인산으로 구성되며 특히 비타민 A, B_2, D, E와 피토스테롤 등이 함유되어 있다. 이는 화장품 원료로의 우수한 유상성분으로 비누의 첨가유지제와 자외선 흡수의 썬텐 오일 기본 원료로 사용되며 특히 건성피부에 적합하다. 이는 화장품 제조에 있어서 우수한 피부 친화성 및 흡습성을 바탕으로 에몰리엔트 크림, 샴푸, 헤어린스 등에 주로 사용되고 있다.

⑧ **아몬드유(Almond oil, Sweet almond oil)**

아몬드유의 학명은 "Pruns Amygdalus Dulcis oil"이며 아몬드 씨에서 추출된다. 추출된 아몬드 오일은 Sweet, Bitter로 나뉘며 화장품에는 Sweet almond oil이 활용된다. 이는 크림과 로션의 에몰리엔트제 혹은 마사지 오일에 사용되는 지방유이다. 사용목적은 주로 착향제, 피부컨디셔닝제, 수분차단제 등을 목적으로 한다.

⑨ **야자유(Coconut oil)**

야자유의 학명은 "Cocos nucifera"이며 야자 종자에서 추출되며 저급지방산인 트리글리세리드(tri-glyceride)의 함유량이 많아 피부 자극성이 있다. 대체로 비누, 샴푸, 가소제 등의 원료 및 제품에 활용되며 필리핀, 인도네시아, 말레이시아 등 열대지방 해안의 야자나무 열매에서 핵의 압착법을 통해 채취되는 지방을 말한다. 야자유는 흰색이나 연한 노란색의 특유한 냄새가 나는 성분으로 로르산글리세리드가 주성분을 차지한다. 이와 비슷한 성상의 물질에는 팜유와 팜핵유가 있다.

⑩ **올리브유(Oilve oil)**

올리브유의 학명은 "Olea Europae oil"이며 지중해산 올리브 열매의 냉동 압착에 의해 추출된 식물성 기름으로 기름의 회수 및 정제 과정을 거치지 않고 식용 가능하다. 에탄올에 용해되며 단일 불포화지방산 함량이 많아 피부 흡수력이 우수하고 선탠오일, 에몰리엔트 크림 등에 사용되며 알레르기를 유발할 수 있다.

올리브유의 이름은 추출단계에 따라 달라진다. 첫 번째 압착에 의한 순수한 오일을 (Extra)Virgin oil이라 하며 이는 녹황색으로 샐러드 드레싱으로 이용할 수 있다. 다음 단계의 기름은 순도가 떨어지며 Pure oil이라 한다. 이는 담황색의 투명하고 담백한 맛을 가지며 마지막 단계인 CS2 용매추출 방법을 통해 S-oil(Sulfur oil)이라 하며 염색공업이나 날염제로 사용된다. 올리브유의 지방산은 불포화지방산인 올레산(Oleic acid)으로 65~85%를 차지하며 포화지방산인 팔미트산과 피토스테롤 등으로 구성되어 있다. 이는 0℃에서 연고상태를 유지한다.

⑪ **피마자유(Castor oil)**

피마자유의 학명은 "Ricinus communis oil"이며 아주까리기름이라 불린다. 이는 피마자의 종자를 압착하여 추출되며 다른 지방유와 다르게 알코올에 녹는 성질이 있다. 약간의 점성이 있는 담황색 식물성 유지이다. 이는 특이한 냄새가 강하고 색소와의 혼합이 쉬워 화장용 포마드, 립스틱, 네일 에나멜 등의 화장품류에 사용된다. 경화 피마자유는 피마자유에 수소가 첨가된 것으로 광택이 있으며 백색의 고체상태가 된다. 이는 왁스의 대체품이나 계면활성제의 원료로 사용되기도 한다.

⑫ **맥아유(Wheat germ oil)**

맥아유의 학명은 "Triticum Vulgare oil"리 놀렌산을 주성분으로 밀의 배아인 맥아에서 추출하며 비타민 E가 함유되어 항산화작용이 있으며 혈액순환을 좋게 한다. 이에 기초 메이크업과 모발화장품 등 광범위하게 활용된다.

동물성

동물성 유성원료는 동물성 오일이라 하며 동물의 피하조직 및 장기에서 추출한 향을 정제하여 사용한다. 냄새가 좋지 않아 정제과정을 거치며 피부친화성이 좋아 피부에 빨리 흡수된다.

① **경납(Spermaceti)**

고래 머리 부분에서 채취한 납에서 정제되며 백색의 광택이 있고 특이한 냄새가 난다. 팔미틴산세틸이 90% 이상을 차지하고 피부를 유연하게 하는 데 효과가 있다. 이는 다양한 크림 및 립스틱류, 포마드의 원료로 사용된다.

② **밀납(Beeswax)**

유럽, 아프리카, 북미에서 벌집을 압출하여 정제되며 왁스의 형태로 성형이 쉬워 고체 화장품 제조의 원료로 사용된다.

③ **우지(Beef wax)**

소의 지방에서 추출되며 올레인산과 팔미틴산이 중요 성분으로 화장품의 사용감촉을 좋게 한다.

④ **돼지우지(Lard)**

돼지의 피하지방과 고기 부분에서 추출한 유지로 올레인산과 팔미틴산을 중요성분으로 우지와 함께 연고의 베이스로 사용되는 유지이다.

⑤ **라놀린(Lanolin)**

양의 털에서 추출된 유지로 피지의 점성 분비물에 의해 정제되며 정제 라놀린은 의약용 및 화장품에 사용된다. 이는 옅은 황색의 무취상태로 피부 보습에 효과가 있어 유연제로 사용하며 접촉성 피부염과 알레르기 유발의 위험성이 있다. 피부 친화성이 우수하고 다양한 에스테르 외, 고급 지방산 및 고급 알코올을 포함한다. 에테르, 클로로포름, 열알코올에 잘 녹으며 물을 2배 첨가하여도 연고모양의 조도를 유지하여 지방산과 알코올류가 약 절반씩 포함되어 있는 납 모양의 물질을 말한다.

⑥ **밍크 오일(Mink oil)**

밍크 Mustela vison(Mustelidae)의 피하지방조직에서 얻은 지방유를 정제한 것으로 라놀린과 같이 사람의 피지와 유사한 성분이다. 피부의 친화성과 확산력이 우수하여 주로 크림 타입으로 활용되며 70~80%의 불포화지방산이 함유되어 피부에 유연성을 좋게 하며 산화 안정도가 우수하다. 또한 다른 오일과의 혼합 역시 안정도가 좋으며 자외선 및 적외선에 의한 피부 손상과 수분 증발을 억제하며 특히 튼 피부에 효과가 있다.

⑦ **스쿠알란(Squalane)**

상어 간유에서 추출한 스쿠알렌에 수소를 더하여 포화탄화수소로 제조한 것으로 사람의 피지에 약25% 정도 함유되어 있어 피부지질과의 친화성이 있다. 알레르기 반응을 감축할 수 있으며 비타민 A, D를 많이 함유하여 사용감촉이 좋다. 또한 화장품 원료 중 동물성 오일에서 가장 많이 사용되는 원료 중 하나이다.

광물성

광물성 유성원료는 광물성 오일이라 하며 석유 등의 광물질에서 추출한 무색·무취의 오일이며 피부 흡수력이 다소 낮다.

① **바셀린(Vaseline)**

페트로륨 젤리, 핸드로션, 바디로션, 자외선 차단제, 립케어 제품류에 사용되며 석유로부터 얻어지는 탄화수소 혼합물로 페트로라튬(Petrolatum)이라 한다. 정제도가 가장 낮은 것은 페트롤레이텀이라 하며 색상에 따라 명칭이 다르게 불려진다. 또한 분자량이 큰 분지 파라핀을 주성분으로 반고체상의 상태로 기초 메이크업, 모발화장품에서 사용된다. 메탄계 산화수소인 바셀린은 무미무취의 상태로 알코올, 글리세린, 물 등에 녹지 않으며 벤젠, 클로로포름, 에테르, 석유벤젠, 이황화탄소, 기름 등에 녹는다.

② **유동 파라핀**

미네랄 오일(Mineral Oil)이라 하며 석유의 원유를 250~300℃에서 증류하여 고형파라핀을 제거한 오일이다. 이는 피부의 수분 증발을 막아주고 화장품의 사용감을 부드럽게 한다. 주로 마사지크림과 클렌징크림에 활용되며 다른 오일에 비해 비교적 안정적인 유성 원료이다.

고급지방산

동물성 유지를 주성분으로 R-COOH 등으로 표시되는 화합물을 지칭하며 자연계 유지와 밀납 등에 에스테르류가 함유되어 있다.

$$R\text{-}COOH + R'-OH \rightarrow R\text{-}COO\text{-}R' + H_2O$$

① **스테아린산(Stearin acid)**
유화제나 증점제로 사용되는 성분으로 여드름을 유발할 수 있어 민감성 피부의 사용에 주의해야 한다.

② **이소스테아린산(Isostearic acid)**
피부에 기질막을 형성하여 이산화탄소, 수증기, 산소의 투과를 용이하게 하며 보습화장품에 주로 활용된다.

③ **팔미틴산(Palmltic acid)**
미나리, 창포기름, 커피, 차, 동·식물 오일에서 천연으로 만들어져 제품의 조성제와 유성크림, 유액에 사용되는 백색의 고체원료이다. 이는 페인트의 원료와 유사하다.

④ **미리스틱산(Myristic acid)**
비누, 세제의 베이스 제조에 사용되며 식물성 지질의 구성성분으로 코코넛오일과 라우릴 오일이 주성분으로 구성되어 있다. 약간의 자극성이 있지만 민감성 자극을 일으키지는 않는다.

에스테르류(Ester)

카르복실산과 알코올의 반응으로 물 분자가 탈수되어 생성된 화합물이며 에스테르결합이라 한다. 예로서 페놀에서 생성되는 에스테르를 페놀에스테르, 술폰산에서 생성되는 화합물을 술폰산에스테르라 한다. 대부분 무색의 방향(芳香)이 있고 과일 에센스의 원료 혹은 유기물의 용매(溶媒)로 사용되는 것이 많다. 이에 산이나 알코올의 배합에 따라 많은 화합물을 만들어 낼 수 있으며 탄수소가 20개 이하인 산과 알코올의 조합은 향이 나고, 그 이상의 조합은 향기가 나지 않는다.

① **중성 에스테르류**

물에 용해되기 어렵지만 유기용매에 쉽게 녹는 휘발성의 향이 좋은 중성액체이며 산성 에스테르류는 물에 녹는 비휘발성의 액체로 염기와는 염을 만드는 성질이 있다. 에스테르류의 유기산과 저급1가 알코올은 적은 탄소수로 좋은 향을 내기 때문에 식품 및 기타 향료에 사용되며 식물에 정유 속에 포함되어 천연으로 발견되는 경우도 있다. 에스테르류의 지방산과 탄소수를 많이 지니는 1가 알코올은 왁스라 칭하며 지방산 및 글리세롤과 에스테르류는 주로 유지로서 동식물계를 구성한다.

② **미리스틴산 이소프로필(Isopropyl myristate, IPM)**

고급지방산 미리스틴산에 저급 알코올 이소프로필알코올의 에스테르 결합에 의해 제조된 합성 에스테르유로 광물성 오일에 비해 유성감이 낮고 사용감촉이 가벼우며 우수한 용해성으로 색소나 향료의 용제나 에몰리엔트제로 사용된다.

고급알코올

① **세틸알코올(Cetyl alcohol)**

세탄올이라 하며 팜오일에서 만들어진다. 유연제, 증점제, 유화제로 사용되며 여드름을 유발하지 않는다.

② **스테아릴 알코올(Stearyl alcohol)**

유화작용과 거품방지, 윤활작용, 점도제로의 사용을 위해 정제된 포화 알코올로 스틱화장품에 주로 활용된다.

③ **올레일 알코올(Oleyl alcohol)**

화장품의 유화작용, 용매, 점도증가제, 운반체로서의 역할로 어류의 오일에서 발견된다. 여드름 및 피부자극을 유발할 수 있다.

④ **라놀린 알코올(Lanolin alcohol)**

W/O 에멀전 유화제 및 유연제로 사용되며 많은 수분을 흡수할 수 있지만 피부에 민감성 반응과 알레르기를 유발할 수 있다.

합성유지

화학적 합성에 의한 유성원료로 식물성이나 동물성의 원료보다 쉽게 변질되지 않는다.

① 실리콘오일(Silicone oil)

실리카(Silica)로부터 화학적 합성에 의해 얻어지며 무색무취, 끈적임이 없고 가볍게 발라지는 특성이 있다. 피부에 매끄러움과 광택을 주며 내수성이 우수하다. 화학적 안정성이 좋아 화장품 원료로의 사용량이 증가하고 있다.

㉠ 디메틸폴리실록산(Dimethylpolysiloxane) : 실리콘 오일 중 가장 오래전부터 광범위하게 사용된 것으로 기초화장품과 화장용 화장품의 사용감을 부드럽게 하기 위해 사용했다. 또한 샴푸나 두발화장품에 사용되어 모발 윤기를 주었으며 소수성이 크고 기포제거성이 우수하여 유화제품의 소포제로도 활용된다.

㉡ 메틸페닐폴리실록산(Methylphenylpolysiloxane) : 에탄올에 용해되며 향, 알코올 등과의 사용이 용이하여 현탁 스킨 제조에 사용된다. 하지만 일반적으로 디메틸폴리실록산과 같은 분자량일 때 안전성은 더욱 나쁜 것으로 나타났다.

㉢ 사이크로 메치콘(Cyclomethicone) : 사용감은 가볍고 매끈하며 휘발성의 오일이지만 끈적임이 없다. 기초 화장품에 주로 사용되며 묻어남이 적어 립스틱의 제조에 사용된다. 하지만 안전성의 문제가 완전히 해결되지 않았으며 피부자극을 유발할 수 있어 유의해야 한다.

보습제

피부의 보습은 세포 재생능력을 향상시켜 피부 탄력을 높이고 주름을 억제하여 피부 노화를 지연시킨다. 이는 피부 각질층에 존재하는 천연보습인자(NMF : Natural Moisturizing Factor)가 가진 수분 보유능력과 지질층 수분 증발 억제능력을 활성화하여 피부를 촉촉하게 유지해야 한다. 이에 기초 화장품에는 대부분 보습 기능을 지닌 성분이 들어 있으며 천연보습인자의 주성분 혹은 수분을 잘 흡착시키는 추가적 성분을 첨가하여 제조된다.

보습제는 피부를 윤택하게 하기 위해 피부 건조를 막고 부드럽고 촉촉한 피부를 유지하게 해주는 화장품으로 최초의 보습제는 1859년 미국의 화학자 로버트 체스브로(Robert A. Chesebrough)가 개발한 상처치료제 바세린이다. 바세린을 점차 건조한 피부에 일상적으로 바르게 되면서 보습제의 필요성이 정착하게 되었다. 보습제는 피부 수분 공급을 위해 외부로부터의 수분 손실을 방지하고 피부장벽 복구 및 수분확산, 세포의 활성화를 돕는 목적으로 사용되고 있다. 이에 보습제의 조건은 높은 온도와 습도, 바람에 영향을 쉽게 받지 않고 지속력이 강하며 다른 성분과의 공존성이 존재해야 한다.

① **폴리올류(Polyols)**

글리세린(Glycerine), 프로필렌, 1,3-부틸렌글리콜(1,3-butylene glycol) 등 알코올이 사용되며 글리세린은 보습제의 가장 주된 성분으로 피부 보호 및 각질층에 수분을 공급하는 기능을 가진다.

② **아미노산류(Amino acids)와 당류**

단당류(포도당, 트레할로스, 자일리톨, 에리스톨과 같은 단당류), 다당류(키토산, 히알루론산)가 주로 사용된다.

㉠ 히알루론산(Hyaluronic acid) : 고분자물질로 보습제로 널리 사용된다. 포유동물의 결합조직에 분포되어 있는 물질로 세포간의 수분을 유지하는 역할을 한다. 초기에는 탯줄이나 닭의 볏에서 추출하였으나 최근에는 미생물로부터 생산하여 사용하고 있다.

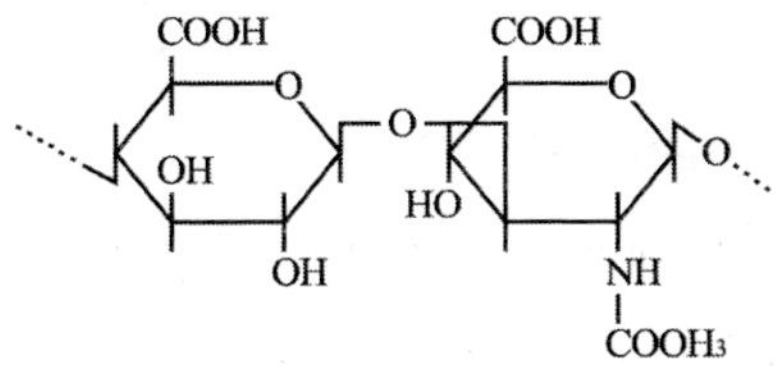

㉡ 세라마이드(Ceramide) 유도체와 합성세라마이드 : 세라마이드는 그 자체만으로는 보습제가 아니지만 다른 계면활성제와 혼합될 경우 피부표면에 라멜라구조로 존재하여 피부에 수분을 유지시켜 보습효과를 준다.

• 보습제의 역할과 요건 •

보습제의 역할	보습제의 요건
• 피부의 수분 함량을 증가시킴 • 피부 유연성 및 탄력성을 향상시킴 • 다양한 외부 자극으로부터 피부를 보호함 • 피부 안전성을 향상시킴	보습제는 다른 화장품류와 다르게 공존성이 좋고 사용 촉감이 우수하며 피부 친화성이 우수한 제품이 적합하다.

방부제

화장품 방부제(Antiseptic)는 물질의 부패를 막고 오래 보존하기 위해 첨가하는 약제이다. 화장품의 변질을 방지하고 순도를 유지시키기 위해 첨가되며 인체에 해가 없음을 필수조건으로 첨가제로 하여금 품질 손상에 주의해야 한다. 방부란 동식물성 유기물이 미생물에 의해 부패하는 것을 막는 것이며 정균제는 세균 발육 및 저지 목적으로 방부제에 포함된다. 이는 미생물의 사멸이 아닌 발육을 저지하는 것으로 소독제 및 살균제와 구분된다.

화장품에 사용되는 방부제에는 파라옥시안식향산메칠(Methyl paraben), 파라옥시안식향산프로필(Propyl paraben), 이미다졸리디닐우레아(Imidazolidinyl urea) 등이 대표적이다.

기초화장품의 9대 원료

① **물**

보통 화장품 성분 표시의 '정제수'에 해당하며 제품의 10% 이상을 차지하는 화장품의 주요성분이다.

② **유성원료**

피부의 수분 손실을 조절하며 흡수력을 좋게 한다. 대표적인 성분으로는 오일류, 왁스류, 고급 지방산류, 고급 알코올류, 탄화수소류, 에스테르류, 실리콘류 등이 있다.

③ **계면활성제**

두 물질의 경계면에 흡착해 성질을 변화시키는 물질로 물과 기름이 잘 섞이게 하는 유화제와 소량의 기름을 물에 녹게 하는 가용화제, 고체 입자를 물에 균일하게 분산시키는 분산제, 그 외 습윤제, 기포제, 소포제, 세정제 등이 있다.

④ **색소**

파운데이션이나 아이섀도처럼 제품의 색깔을 내는 성분으로 타르색소, 천연색소, 무기안료로 나뉜다.

⑤ **효능원료**

미백, 주름 개선, 피부탄력을 향상시키는 등 특정 기능을 하는 효능성분이다. 피부에 트러블을 일으키지 않으면서 최대한 효능을 낼 수 있는 적정량을 사용하도록 식품의약품안전처에서 관리감독하고 있다.

⑥ **착향제**

향을 내는 성분으로 무향료란 제품에 향료를 첨가하지 않은 것으로 원료 자체의 향이 날 수 있다. 무향제품은 향을 없앤 제품을 말하며 원료의 향을 없애기 위해 향료를 쓰는 경우도 있다.

⑦ **보존제**

화장품을 개봉한 후 미생물에 의한 변질을 막기 위해 사용한다. 우리나라에서 사용가능한 보존제는 총 60종으로 사용한도가 정해져 있다. 대표적 성분에는 파라벤, 이미다졸리디닐우레아, 페녹시에탄올, 페노닙 등이 있다.

⑧ **점증제**

점도를 유지하거나 제품의 안정성을 유지하기 위해 쓰인다. 보습제, 계면활성제로서 일부 활용된다. 대표적으로 구아검, 젤라틴, 메틸셀룰로오스, 알긴산염, 폴리비닐알코올, 벤토나이트 등이 있다.

⑨ **보습제**

건조하고 각질이 일어나는 피부를 진정시키고 피부를 부드럽고 매끄럽게 하는 성분으로 흡수성이 높은 수용성 물질이다. 대표적으로 글리세린, 프로필렌글라이콜, 부틸렌글라이콜, 폴리에틸렌글라이콜, 솔비톨, 히알론산나트륨 등이 있다.

(3) 계면활성제

① **계면활성제의 개요**

하나의 분자에 친수성(hydrophilic)과 친유성의 소수성(hydrophobic)을 동시에 지니고 있는 계면활성제는 표면(Surface), 활성(Active), 물질(Substance, Agent)이 조합된 단어로 친수성 부분은 극성, 친유성 부분은 비극성이라 말한다. 극성부분의 크기는 비극성 부분의 크기에 비해 작으며 편의상 극성 부분을 머리(head), 비극성 부분을 꼬리(tail)라 하며 계면활성제의 극성부분인 '머리'에 따라 양이온, 음이온, 양쪽성, 비이온성 계면활성제로 나뉜다. 물과 상호작용하는 부분이 ($-COO^-$)음이온이면 음이온성 계면활성제가 되고 상호작용 부분이 양이온일 경우 양이온성 계면활성제가 된다. 화장품 원료로서의 계면활성제는 물과 기름의 경계면이라 할 수 있으며 친수성기는 둥근 머리모양으로 나타내고 친유성기는 소수성기(Hydrophobic group)라 하며 꼬리 모양으로 나타낸다.

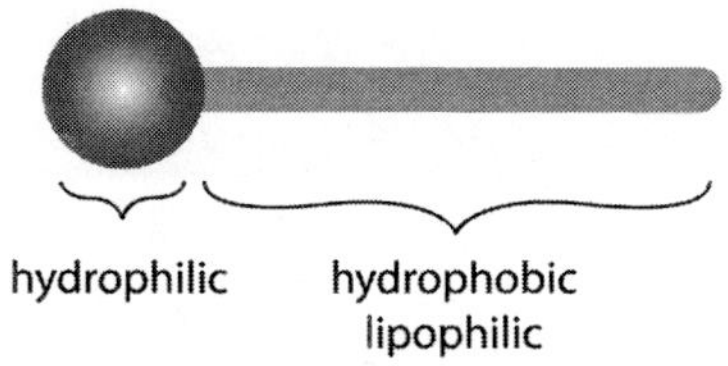

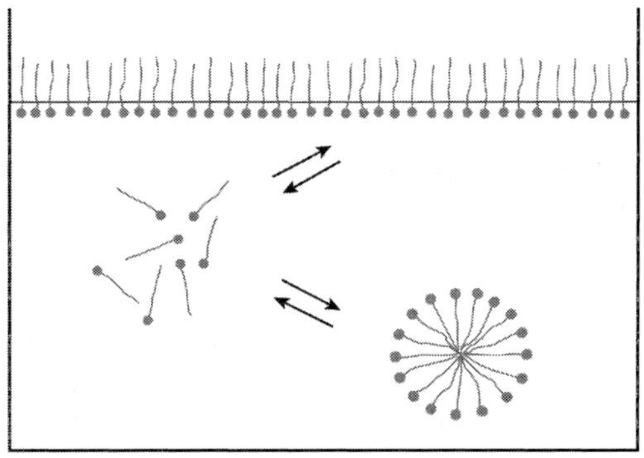

② **계면활성제 특성**

계면활성제는 친수성기의 이온성에 따라 양이온성, 음이온성, 비이온성, 중성의 계면활성제로 나뉘고 이에 따라 각기 다른 특성을 보인다. 양이온성 계면활성제는 살균과 소독에 효과적이며 정전기 발생을 억제하는 효과가 있다. 음이온성 계면활성제는 세정 효과가 우수하며 기포가 쉽게 형성되는 특징이 있다. 비이온성 계면활성제는 피부자극이 가장 적은 계면활성제로 대체로 기초화장품에 주로 활용되고 있으며 중성의 계면활성제는 양쪽성이라 하여 세정의 기능을 한다. 또한 중성의 계면활성제는 음이온성 계면활성제에 비해 피부자극은 적은 것이 특징이다.

• 계면활성제의 분류 •	
구분	특성
양이온성 계면활성제 (Cationic surfactant)	피부자극이 가장 크고 살균 및 소독작용과 정전기 발생을 억제한다.
음이온성 계면활성제 (Anionic surfactant)	양이온성보다 피부자극이 적으며 세정력이 우수하고 기포가 쉽게 형성된다.
양쪽성 계면활성제 (Amphoteric surfactant)	음이온성보다 피부자극이 적으며 세정작용을 한다.
비이온성 계면활성제 (Nonionic surfactant)	피부자극이 가장 적은 계면활성제이다.

③ 계면활성제의 활용

계면활성제는 양이온성, 음이온성, 중성, 비이온성으로 나뉘며 계면활성제의 특성에 따라 다양하게 활용된다. 양이온성 계면활성제는 살균과 소독 작용이 우수하지만 피부자극이 가장 크기 때문에 헤어린스, 헤어트리트먼트, 컨디셔닝제로 사용된다. 음이온성 계면활성제는 우수한 세정력과 피부자극이 적어 비누와 샴푸, 클렌징 폼, 바디클렌저로 사용된다. 양쪽성(중성) 계면활성제는 음이온성보다 피부자극이 적지만 세정작용의 기능을 함으로써 저자극성 샴푸, 베이비 샴푸 등으로 활용된다. 비이온성 계면활성제는 피부자극이 가장 적은 계면활성제로 화장수의 가용화제, 크림의 유화제, 클렌징크림의 세정제, 기초화장품, 화장용(메이크업) 화장품 등에 활용된다.

• 계면활성제의 활용 •			
양이온성	음이온성	중성(양쪽성)	비이온성
• 헤어린스 • 헤어트리트먼트 • 컨디셔닝제	• 비누 • 샴푸 • 클렌징 폼 • 바디클렌저	• 저자극성 샴푸 • 베이비샴푸	• 화장수의 가용화제 • 크림의 유화제 • 클렌징크림의 세정제 • 기초화장품 • 화장용(메이크업) 화장품

④ 계면활성제의 HLB(Hydrophilic-lipophilic balance)

HLB는 계면활성제가 물에 잘 녹는지를 나타내는 척도로 Hydrophilic lipophilic balance를 말한다. HLB의 수치가 낮을수록 물에 잘 녹지 않고 수치가 높을수록 물에 잘 녹음을 의미한다. 중성계면활성제는 HLD 0~20 사이를 기준으로 HLD가 0인 경우를 친수성기가 전혀 없는 것으로 하며 HLD 20의 경우 폴리에틸렌글리콜과 같이 친수성기로만 이루어진 것으로 이를 기준으로 중성계면활성제의 범위를 유추할 수 있다.

⑤ **계면활성제와 미셀(Micelle)**

미셀(Micelle)은 계면활성제의 농도가 증가할수록 계면활성제의 분자와 이온들이 결합체를 형성하여 용해하게 되는 것으로 일정 농도 이상에서의 계면활성제의 집합체라 할 수 있다. 미셀은 계면활성제의 농도가 임계 미셀 농도(Critical micelle concentration) 이상이고 온도가 임계 미셀 온도(Critical micelle temperature, Krafft 온도) 이상에서 형성된다.

한편 계면활성제가 유기 용매에 녹는 경우 물에서와 반대로 친수성 부분이 핵을 형성하고 친유성 부분이 표면을 형성하는 구조를 역미셀(Reverse micelle)이라 한다.

(4) 색소

① **염료(Dye)**

물이나 오일에 녹는 색소를 염료라 하며 염료에는 물에 녹는 색소인 수용성 염료(Water soluble dye)와 색을 가지고 있고 용제 및 오일에 녹는 염료인 유용성 염료(Oil soluble dye)가 있다. 수용성 염료는 화장수, 로션, 샴푸 등의 착색에 사용되고 유용성 염료는 헤어 오일과 같은 유성 화장품의 착색과 화장품에 적당한 색상을 부여하기 위해 사용된다. 하지만 염료는 물이나 오일에 용해되기 때문에 메이크업(Make-up)을 위한 화장품에는 사용하지 않는다.

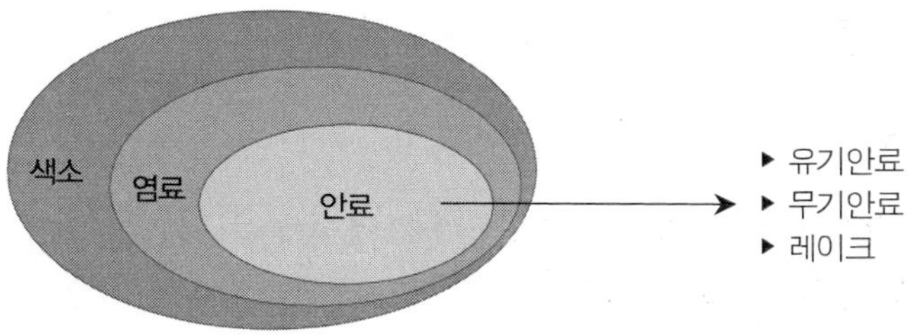

② **안료(Pigment)**

안료는 용제에 녹지 않는 물질로 색조 메이크업 화장품에서 사용되며 화장품의 10~50%를 차지한다. 작은 고체입자 상태로 빛을 반사하고 차단시켜 커버력이 우수하다. 안료의 경우 무기안료와 유기안료가 있으며 적절한 비율로 혼합하여 사용한다. 무기안료는 커버력이 우수하고 빛과 산, 알칼리에 강하다. 하지만 색상이 화려하지 못하여 선명한 색상의 발색을 필요로 하는 제품은 주로 유기안료가 사용되고 있다. 이에 반해 유기안료는 색상이 선명하고 화려하지만 빛과 산, 알칼리에 약하다. 따라서 마스카라의 색소는 주로 무기안료를 사용하며 립스틱과 같이 다양한 색상과 선명한 발색을 요하는 메이크업 화장품에는 유기안료가 사용된다.

③ **레이크(Lake)**

물에 녹는 수용성 염료를 금속염과 반응시켜 용제에 녹지 않는 물질로 만든 안료를 말하며 안전성 위험이 있으나 선명한 색상의 발색에 효과적이며 화장품을 비롯하여 페인트, 인쇄용 잉크, 식용색소, 플라스틱 착색, 의복 염색 등에 사용된다. 염료를 안료와 반응시켜 용제에 녹지 않게 만든 것으로 약한 산성이나 약한 염기성 용액(pH 3.5~10.5)에는 녹지 않고 강한 산이나 염기에는 녹을 수 있다.

㉠ 가용성 레이크 : 가용성(설폰산기, 카복실기)의 산성염료를 나트륨염, 칼슘염, 바륨염, 스트론튬염, 망가니즈염, 알루미늄염 등과 반응시켜 불용성으로 만든 것으로 색이 선명하고 착색이 우수하지만 내성이 약하다.

㉡ 불용성 레이크

- ▶ 중금속 착염 반응 : 염료를 중금속 착염과 반응시켜 불용화한 것으로 프탈로사이아닌은 관습상 레이크로 취급하지 않는다.
- ▶ 분자 내 염기 반응 : 분자 내 염기성을 나타내는 아민기($-NH_2$, $-NHCH_3$, $-NH(C_2H_5)$, $-N(C_2H_5)_2$ 등)를 가진 염료를 타닌산, 인산, 몰리브데넘산, 텅스텐산 등과 반응시켜 불용화한 것으로 내광성이 다소 개선되지만 빛에 대한 안정성이 크지 않아 결점이나 색이 선명하고 착색력이 좋은 장점을 가진다.

2 화장품의 제형

1) 유화(Emulsion)

서로 섞이지 않는 액체 간을 매개체를 활용하여 고르게 섞어주는 것을 에멀젼(Emulsion)이라 하며 에멀젼을 만드는 작용으로 수성과 유성성분이 계면활성제에 의해 서로 섞여 백탁화 된 것을 유화라 한다. 예로서 서로 섞이지 않는 액체물질 A와 B가 있을 때 A, B의 혼합물에 계면활성제를 첨가하면 액체 A가 액체 B 가운데 미세하게 분산되어 안정된 에멀젼을 형성한다. 이때 A가 수성 원료, B가 유성 원료일 때 이를 유중수형(Water in Oil, W/O형) 유화라 하고 수성이 유성에 입자 형태로 분산된 것이라 말한다. 반대로 A가 유성 원료, B가 수성 원료일 때 이를 수중수형(Oil in Water, O/W형) 유화라 하고 유성이 수성에 입자 형태로 분산된 것이라 한다.

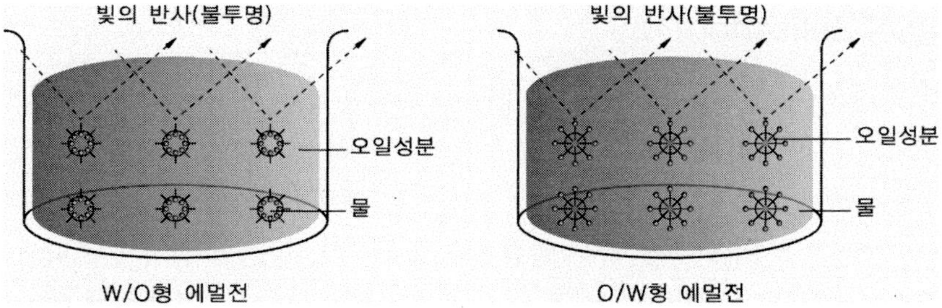

(1) 유화의 백탁화

유화는 수성과 유성 원료의 혼합에서 유성원료는 서로 뭉쳐져 표면에 흡착하고자 하는 성질을 가진다. 하지만 계면활성제가 첨가되면 유성원료의 뭉침을 막아주어 수성과 유성이 고르게 혼합될 수 있게 해준다. 이 때 혼합된 수성과 유성 원료를 에멀젼이라 하고 에멀젼은 우윳빛으로 뿌옇게 보이기 때문에 백탁화라 한다. 유화의 백탁화는 수성과 유성의 분산에 따라 달라지는 유화입자의 굴절률과 입자의 크기에 의해 나타난다. 수성과 유성의 혼합에서 유성인 오일의 입자 크기는 1,000~10,000nm로 미셀에 비하여 약 1,000배 크기 때문에 빛이 통과하지 못하면서 가시광선이 반산되어 산란되어 육안으로 뿌옇게 관찰된다.

(2) 에멀젼의 종류

에멀젼은 W/O형, O/W형과 같은 단일에멀젼 외에 다중에멀젼(Multipli emulsion) 혹은 복합에멀젼(Cloud emulsion)이라 하는 O/W/O형, W/O/W형이 있다. 이는 단일에멀젼의 유화입자 내에서 또 다른 유화입자가 존재하는 것으로 현미경으로 관찰할 때 에멀젼 유화입자 내에 또 다른 유화입자가 관찰된다. 그러나 이러한 에멀젼은 본질적으로 불안정하여 장기간 방치될 시 유화상태가 파괴되기 때문에 입자의 크기 및 분산과 연속상의 밀도차를 조절하여 유화상태를 안정시켜야 한다. 만약 미셀(Micelle)의 입자크기가 0.1nm 이하인 경우라면 입자 자체에서 브라운운동을 하기 때문에 스스로 안정화시킬 수 있다.

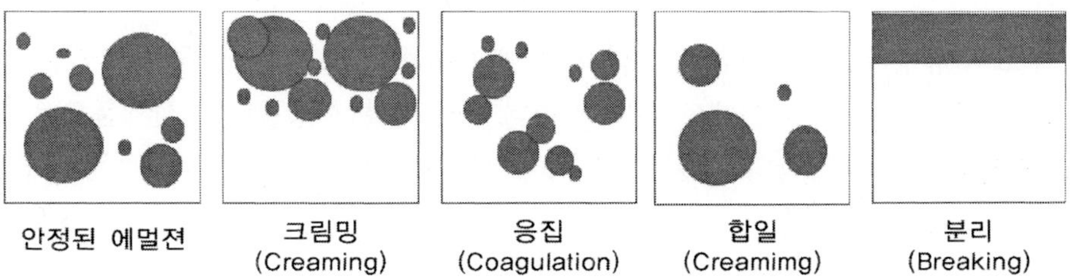

에멀전의 분리과정

2) 가용화(Solubilization)

가용화는 소량의 유성 원료가 계면활성제에 의해 투명하게 용해된 것을 말한다. 또는 물에 잘 용해되지 않는 유용성 비타민이나 호르몬 등을 가용화하여 수용성으로 변화시키거나 페놀류 등 살균제와 혼용하여 효과를 증가시기 위해 사용되는 제형이다. 계면활성제가 혼합되면서 유성 원료의 오일성분은 주위에 매우 작은 집합체를 형성한다. 형성된 집합체는 미셀의 크기보다 작기 때문에 빛이 투과되어 투명한 상태를 나타낸다. 이는 육안으로 투명하게 관찰되는데 마찬가지로 가시광선의 파장보다 오일성분 집합체의 입자가 더 작기 때문이다. 이러한 가용화 현상은 화장수, 헤어토닉 등의 화장품류에서 활용되고 있다.

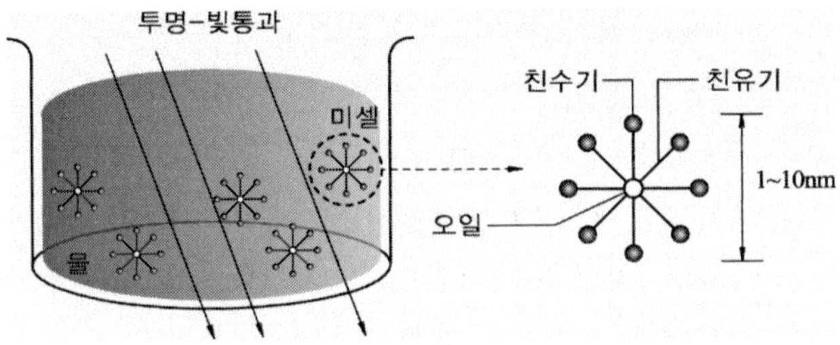

가용화기술의 원리

계면활성제에 의해 투명하게 용해된 수용액에서 계면활성제의 농도가 적당량 증가할 때 계면활성제의 분자나 이온이 집합체를 형성하기 시작하는데 이때 형성된 집합체를 미셀(Micelle)이라 한다. 이는 용해되기 어려운 오일, 향료 등의 성분을 미세한 입자로 분산시키는 역할을 하며 입자가 0.5nm 이하로 매우 작아 빛의 투과가 가능하므로 육안으로 투명하게 관찰된다. 한편 미셀이 형성되는 농도를 임계미셀농도(Critical micelle concentration : CMC)라 하며 이에 도달해야만 가용화가 일어날 수 있다.

3) 분산

수성 원료나 유성 원료에 미세한 고체입자가 계면활성제에 의해 균일하게 혼합된 상태를 말한다. 립스틱, 파운데이션, 아이섀도, 아이라이너 등의 색조 화장품이 분산제품으로 계면활성제는 고체입자의 표면에 흡착되어 원료끼리 뭉쳐지거나 뭉치는 것을 방지해주는 역할을 한다.

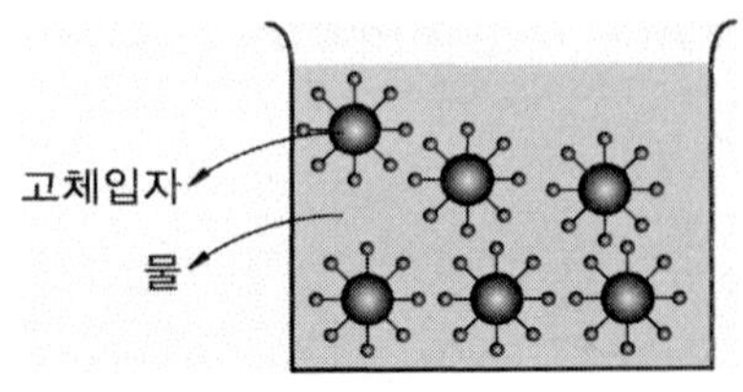

분산질(Dispersoid)과 분산매(Dispersoid medium)

분산질은 고체-액체 분산계에서 액체입자 A에 고체입자 B가 분산될 때 분산된 입자 B를 분산질이라 하며 이를 둘러싸고 있는 A를 분산매라고 한다. 색조화장품의 제조에서 분산질은 착색안료로 화장품에 사용되는 친수성 안료인 이산화티탄, 카오린 등의 체질안료는 착색안료가 되며 유성안료의 계면활성제인 알칼아민, 지방산, 소르비탄지방산에스터, 레시틴 등을 이용해 친유성화로 활성화시킨다.

CHAPTER 4

기초 화장품

CHAPTER

04 기초 화장품

① 기초화장품의 기능

기초화장품은 피부를 청결하고 건강하게 유지시켜 주기 위해 사용하는 화장품으로 각질층을 깨끗하게 하여 피부를 건강하고 아름답게 해준다. 이는 얼굴에 사용하며 피부의 항상성(Homeostasis)을 정상적으로 유지하기 위한 목적이 있다. 피부는 연령이 증가함에 따라 피지, NMF(Natural Moisturizing Factor), 수분 등이 감소하기 시작하며 점차 거칠어지고 건조해진다. 이에 기초화장품을 통한 유분, 수분, 보습제 등의 공급으로 피부 모이스쳐 밸런스(Moisture balance)의 유지를 필요로 한다.

기초화장품의 종류는 세정, 피부 정돈, 피부 보호의 사용목적에 의해 나뉘며 목적에 따라 다양한 기능을 한다. 피부 세정의 기초화장품은 피부 각질층의 메이크업 잔류물, 노폐물 등을 제거하여 청결한 피부를 유지하게 해준다. 피부정돈을 위한 기초화장품은 세안에 의한 pH 상승을 정상 상태로 되돌아오게 하며 유분과 수분의 공급으로 피부 결을 정돈해준다. 피부보호를 위한 기초화장품은 표피의 건조함을 방지해주고 매끄러운 피부질감을 유지하게 하며 추위와 세균 침입에서 피부를 보호해준다.

피부	성분	기능
표피	NMF	천연보습인자
	세라마이드	세포간지질
진피	히알루론산	고분자점액질

⇨ **피부의 성질**
연령 증가, 환경변화와 고분자 점액질 함량 감소

⇦ **기초화장품**
유분(피지), 수분, 보습제 공급

⇦ 모이스쳐 밸런스 유지
피부상태 개선

② 기초화장품의 원료

1) 유지류(Oil & Fats)

유지류는 에몰리언트효과를 주는 원료로 화장품의 피부 친화력을 향상시켜주며 영양의 공급을 원활하게 돕는 역할을 한다. 이러한 유지류의 종류에는 홍화씨 오일(Safflower oil), 마카다미아너트 오일(Macadamia nut oil), 피마자 오일(Castor oil), 스위트 아몬드 오일(Sweet almond oil), 해바라기 오일(Sunflower oil), 포도씨 오일(Grape seed oil) 등이 있다.

2) 왁스(Wax)

왁스는 실온에서 고체 상태로 존재하며 에몰리언트 효과로 유화제품의 점도를 조절한다. 왁스의 종류에는 카우나우바 왁스(Carmauba wax), 호호바 오일(Jojoba oil), 라놀린(Lanoiln)이 있다.

3) 하이드로카본류(Hydrocarborns)

하이드로카본류에는 파라핀 왁스(Paraffin wax), 바세린(Vaseline), 유동파라핀(Liquid paraffin), 스쿠알란(Squalane), 마이크로크리스탈린 왁스(Microcrystallone wax)가 있다.

4) 고급알코올(Higher alcohol)

고급알코올에는 라우릴 알코올(Lauryl alcohol), 미리스틸 알코올(Myristyl alcohol), 세틸알코올(Cetyl alcohol), 스테아릴 알코올(Stearyl alcohol), 올레일 알코올(Oleyl alcohol)이 있으며 유화안정제, 에몰리언트제, 점도조절제의 역할을 한다.

5) 고급 지방산(Higher fatty acid)

고급 지방산은 자연계 유지와 밀납 등에 포함되어 있는 에스테르 화합물을 분해하여 얻어지며 라우릭산(Lauric acid), 미리스틱산(Myristic acid), 팔미틱산(Palmitic acid)이 있다. 이는 세정력이 우수하여 주로 화장비누나 세안 목적의 기초화장에 사용된다.

6) 에스테르류(Esters)

에스테르류는 지방산과 알코올의 탈수작용으로부터 얻어지는 화합물로 이소프로필 팔미테이트(Isopropyl palmitate), 에틸 올레이트(Ethyl oleate), 이소프로필 미리스테이트(Isopropyl myristate), 이소스테아릴 이소스테아레이트(Isostearyl isosterarate)가 있으며 피부를 유연하게 하고 번들거림을 억제하며 산뜻한 촉감을 부여하는 역할을 한다.

7) 실리콘류(Silicones)

실리콘류는 피부, 모발에 퍼짐성이 우수하며 디메치콘(Dimethicone), 사이클로메치콘(Cyclomethicone)이 있다.

8) 계면활성제

하나의 분체에 친수성과 친유성을 동시에 지니고 있는 물질로 섞이지 않는 액체 사이를 고르게 혼합해주는 역할을 하며 화장품 원료로서 수성원료와 유성원료의 경계면으로 작용한다.

9) 보습제

피부에 수분을 공급하는 역할을 하며 에몰리언트(Emollient), 모이스처라이저(Moisturizer), 천연보습인자(Natural Moisturizing Factor : NMF), 휴멕턴트(Humectant)가 있다. 휴멕턴트에는 글리세린, 프로필렌글리콜, 1,3-부틸렌글리콜, 디글리세린, 폴리글리세린이 속한다.

10) 폴리머(Polymer)

폴리머는 점증제와 피막형성제로 주로 사용되며 보습제, 계면활성제로도 사용될 수 있다. 점증제로의 폴리머에는 NA-CMC(Sodium Carboxyhyl Cellulose), 카보머(Carboxyvinyl polymer), Quince seed gum, Xanthan gum이 있으며 피막형성제로의 폴리머에는 폴리비닐알코올(PVA), 폴리비닐피롤리돈(PVP), 니드로셀룰로오스(Nitro cellulose)가 있다.

11) 산화방지제

화장품의 산화를 방지하기 위해 토코페릴아세테이트(Tocopheryl acetate), BHT(Dibutyl hydroxy toluen), BHA(Butylated hydroxy anisol), Disodium EDTA를 첨가한다.

12) 금속이온 봉쇄제

화장품의 변색과 변취는 유성 원료가 산화되면서 나타나며 투명한 제품은 침전물을 형성하기도 하는데 방지하기 위해 첨가하는 것을 금속이온 봉쇄제라 하며 EDTA, Disodium EDTA, Trisodium EDTA, Telrasodium EDTA, Sodium citrate 등이 있다.

13) 살균 및 방부제

살균 및 방부의 목적으로 사용되는 것으로 제품과 외부환경으로부터의 2차적 피부오염을 예방하기 위한 청결한 관리를 위해 첨가된다. 이는 살리실산(Salicylic acid), 파라벤류(Paraben), 트리클로산(Triclosan), 페녹시에탄올(Phenoxyethanol), 이미다졸리디닐우레아(Imidazolidinyl urea) 등이 있다.

3 기초화장품 분류

1) 세정제품

세정 목적의 기초화장품은 피부의 청정작용과 피부 표면의 더러움, 메이크업 찌꺼기 및 노폐물 제거를 통한 피부 청결을 목적으로 한다.

(1) 폼 클렌저(Foam Cleanser)

클렌징 폼(Cleansing Form)이라 하며 거품을 내어 피부 노폐물을 제거하고 피부 보습력을 유지해주는 기초 세안용 화장품으로 기존의 비누를 대체하여 제조되었다. 물과 함께 거품을 일으켜 사용하고 묽은 액체 타입, 젤 타입, 밤(Blam) 타입, 생크림 타입 등 다양한 형태로 제조되며 메이크업을 지우는 기능과 함께 보습, 마사지, 피부 톤 개선의 기능을 한다.

비누를 주원료로 비이온성 계면활성제인 중성세제의 양을 조절하여 배합되며 특히 알칼리 타입의 폼 클렌저는 헹굼성과 사용감이 우수한 특징이 있고 중성세제의 양이 첨가될수록 촉촉한 감촉을 주지 못해 세안 후 미끌거림이 남을 수 있어 적절한 배합이 중요하다. 또한 정제수를 비롯하여 소듐라우레스설페이트, 디소듐코코암포디아세테이트, 코카미도프로필베타인을 기본 성분으로 페녹시에탄올과 매칠이소치아졸리논이 첨가되기도 한다. 이러한 화학원료 외에도 천연원료가 사용되며 캐모마일 꽃수와 알로에베라 잎즙, 티트리 성분, 탄산 온천수, 애플민트와 허브 추출물, 발효 녹두 단백질 등의 원료가 사용되고 있다.

(2) 페이셜 스크럽(Facial scrub)

페이셜 스크럽은 피부에 쌓인 각질 및 노폐물과 피지를 제거해주는 화장품으로 세안 기능이 강화되어 매끈한 피부를 유지할 수 있게 한다. 미세한 알갱이 입자가 있어 질감이 무거우며 반고체의 형태와 액체 형태가 주로 사용된다. 페이셜 스크럽에서 정제수는 가장 높은 비율을 차지하는 원료로 계면활성제이자 세정제인 스테아릭애씨드(Stearic Acid)를 주원료로 한다. 이는 고급포화지방산의 혼합물로서 보습효과를 주며 글리세린 역시 같은 기능을 위해 첨가된다. 또한 주름 개선효과의 레티닐팔미테이트(Retinyl Palmitate), 살균 효과의 방부제, 페녹시에탄올(Phenoxyethanol), 향료 등이 첨가된다. 최근에는 스크럽 기능에서 부드럽고 촉촉한 피부 유지를 위한 팩(Pack)의 기능까지 겸양되고 있다.

(3) 비누와 액체 비누(Soaps, Liquid soaps)

① 비누

비누는 거품이 잘 생기고 뽀드득한 사용감을 주며 헹굼성이 좋다. 그러나 알칼리성으로 피부의 pH를 높이기 때문에 경수에서는 거품의 생성이 쉽게 일어나지 않는다. 또한 피부에 사용할 경우 피부가 당기는 느낌을 줄 수 있다. 보통 세안제에는 중성세제가 함유되어 있는데 이는 비누가 함유될 경우 감촉이 뻑뻑하고 물때가 생기기 쉬우며 오히려 피부 모공이 막혀 세안이 어렵기 때문이다. 만약 피부를 청결하게 하지 않는다면 모세혈관이 수축되어 혈액순환에 문제가 생기거나 모공이 막혀 피부의 신진대사에 필요한 산소 및 영양분의 공급을 방해하게 된다. 특히 메이크업을 위한 화장품이 잘 지워지지 않으면 오일, 색소, 향 등의 기타성분이 산패되거나 분해되어 피부 생리기능을 쇠퇴시키고 피부 건강을 악화시킨다.

피부 세정에 있어서 사용되는 물인 경수 또는 연수, 계면활성제인 세정제품 사이의 작용에 유의해야 한다. 경수는 연수와 달리 칼슘이온, 마그네슘이온 및 중금속 이온이 많이 함유된 물을 말한다. 경수는 센물이라 표현하며 천연식물유나 동물유에서 만들어진 알칼리 성분의 세안제의 사용은 자제해야 한다. 알칼리 성분의 세안제는 경수에서 사용 감촉이 뻑뻑하고 물때를 형성하며 피부 모공을 막아 세안을 방해하기 때문이다. 또한 연수는 단물이라 하는 물이며 칼슘이온, 마그네슘이온 및 중금속 이온이 적게 함유된 물로 좋은 물이라 표현하며 어떤 세안제라도 성분에 문제없이 세정이 가능하다.

구분	비누	중성세제
장점	거품 생성이 쉬움	pH가 대부분 중성에서 약산성
		경수에서도 거품 생성이 쉬움
	뽀드득한 사용감, 잘 헹궈짐	물때를 형성하지 않음
단점	알칼리성, 피부의 pH를 높임	사용 후 미끌거림이 있음
	경수에서 거품 생성이 어려움	
	사용 후 피부 당김이 있음	비누보다 잘 헹궈지지 않음

② **액체비누**

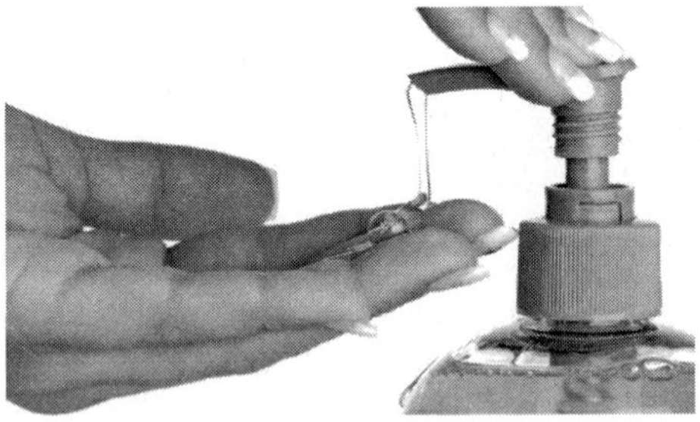

액체 비누(Liquid Soaps)는 비누의 수용액으로 야자유, 올리브유, 피마자유, 낙화생유, 옥수수유, 대두유 등을 원료로 한다. 세정, 면도, 모발 세척에 다양하게 사용되고 주로 공중 수세용으로 사용되어 살균제가 배합되어 사용된다. 하지만 오늘날에는 역성 비누제품이 액체 비누를 대신하여 사용되고 있으며 역성 비누(Invert soap)는 보통 비누와 달리 양이온 계면활성제로 소독, 소독제 및 세척제로 사용되고 있으며 물에 쉽게 녹고 자극이 약하여 부식작용이 없고 독성이 낮은 특징이 있으며 약물로서는 염화벤잘코늄, 영화세틸피리디늄 등을 말한다. 또한 글리세롤, 설탕, 알코올 등을 첨가한 일정량의 단물로 용해시킨 투명한 수용액에 향료를 배합하기도 한다.

(4) 클렌징 크림·로션·워터·젤

대체로 씻어내는 타입이며 계면활성제형이라 하고 피부에 사용 시 유성성분이 물리적으로 작용하면서 노폐물이 제거된다.

① **클렌징 크림**

피지와 메이크업 잔여물, 불순물 등의 제거에 효과적이다.

② **클렌징 로션**

클렌징 크림에 비해 사용감이 산뜻하다.

③ **클렌징 워터**

화장수 타입이며 세정력이 낮아 가벼운 화장을 지우는데 효과적이다.

④ **클렌징 젤**

수성, 유성타입으로 특히 유성타입은 유분과 계면활성제를 함유하여 세정력이 높다.

(5) 각질제거제

'각질제거제'는 피부 각질과 노폐물, 피지 제거를 위해 사용되는 화장품으로 기초화장품의 빠른 흡수와 묵은 각질제거, 영양크림 및 수분크림의 흡수를 돕는 목적으로 사용된다. 정제수와 글리세린을 주원료로 'AHA(Alpha Hydroxy Acid)'와 'BHA(Betaine Salicylic Acid)'를 포함한다. AHA는 수분 공급으로 각질의 연화작용 및 제거의 기능을 하며 BHA는 피지 제거의 기능을 한다. 그 외에 피부 유연제 기능의 녹차추출물, 미백과 주름 개선의 태반원액, 필링 효과를 향상시키기 위한 호두 열매껍질 가루가 첨가된다. 최근에는 개인이 꿀이나 오일을 섞어 만들거나 귤껍질을 사용하여 DIY천연 필링 젤을 만들기도 한다.

(6) 외음부 세정제

외음부 세정제는 여성의 외음부를 청결하게 하기 위한 세정제로 여성들이 배뇨 후 닦아내어 냄새를 제거하는 것에 살균 기능을 더한 것을 말한다. 정제수, 코카미도프로필베타인, 라우글루코사이드, 글리세릴올리에이트, 코코글루코사이드, 글리세린, 판테놀, 락틱앳시드, 리날룰, 리모넨, 핵실신남압, 위치하젤수, 라우레스-2, 라우레스-3, 소듐코코암포아세테이트 등이 주원료로 제품의 기능에 따라 수레국화꽃수, 미모사잎추출물, 다마스크장미추출물 향료 등의 천연성분이나 생약 추출물이 혼합되어 제조된다. 천연의 한방원료를 활용하여 피부 부작용을 최소화시키거나 물리·화학적 원인, 혼합 감염에 의한 가려움증 및 피부질환, 요도염, 방광염, 자궁질환으로 확산될 수 있는 질염을 예방하는 기능이 있다. 또한 세균의 번식을 막고 여성에게 유익한 박테리아의 상생에 효과적으로 작용하며 액체형태의 젤 타입 세정제와 사용의 편리성을 위한 펌프 타입이 있다.

(7) 물휴지

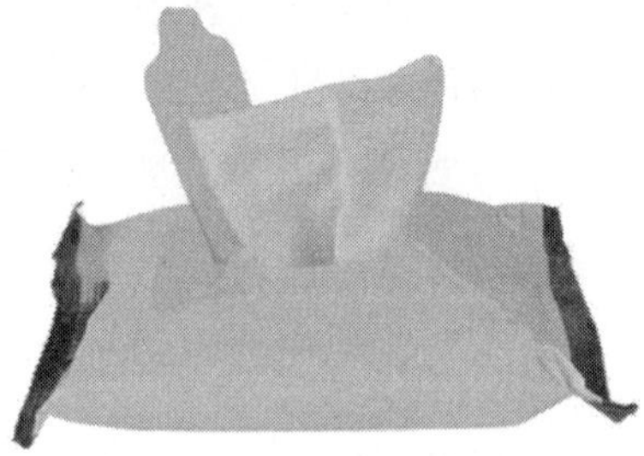

물휴지는 '물티슈(Wet tissue, Wet paper)'라 하며 휴지의 일종으로 제작 과정상에서 제품에 수분을 함유시킨 축축한 휴지를 말한다. 대부분 손이나 얼굴 등을 간편하게 닦을 때 쓰이며 휴지와 같이 일상생활에서 유용하게 사용되고 있다. 이는 수분을 함유하고 있어 보관 시 공기와의 접촉을 피해야 하고 직사광선과 고온에 적합하지 않다. 최근에는 수분을 포함하는 단순한 제품 형태에서 녹차 추출물, 알로에 추출물, 비타민 성분이 첨가되어 상쾌한 피부를 유지할 수 있게 하며 무(無)형광, 무(無)알코올로 피부에 자극을 덜 주는 방향으로 개선되고 있다.

물휴지의 주원료는 정제수와 게르마늄으로 방부제인 클로로메틸이소치아졸리논(CMIT), 매칠이소치아졸리논(MIT)과 양이온 계면활성제인 세트리모늄브로마이드(브로민화 세트리모늄)가 함유되기도 한다. 특히 CMIT, MIT는 폐 손상을 유발하는 물질로 도배용 풀과 페인트에 사용되는 화학 방부제이기 때문에 사용이 자제되고 있으며 세트리모늄브로마이드는 살균제이며 정전기 방지제, 유연제로 사용되는 양이온성 계면 활성제를 말한다.

2) 피부정돈 제품

피부정돈의 목적에서 기초화장품의 사용은 세안 및 세정에 의해 상승된 피부 pH를 정상 상태로 되돌리기 위한 유분 및 수분 공급을 목적으로 한다.

(1) 화장수

화장수는 세안 후에 모공이 열리거나 이완된 피부를 다시 수축시키기 위해 사용하는 맑은 액체 상태의 화장품을 말한다. 흔히 스킨로션(Skin Lotion)이라 라며 스킨 소프트너(Skin Softner), 스킨 토너(Skin Toner), 아스트린젠트 로션(Astringent Lotion), 스킨 프레쉬너(Skin Fresher), 수딩 로션(Soothing Lotion), 하이드로액티브 로션(Hydroactive Lotion)의 명칭을 사용하기도 한다. 화장수는 사용목적에 따라 크게 유연 화장수와 수렴 화장수로 구분되는데 유연 화장수는 피부 수분의 공급과 유연성을 위해 사용하며 수렴 화장수는 피부 수분의 공급과 모공의 수축을 위해 사용한다.

피부는 연령과 외부환경, 감정 등에 의해 상태가 변하는 성질이 있다. 땀과 피지에 의한 자연적 방법으로 피부를 완연히 보호하기는 어렵기 때문에 땀과 피지를 인공적으로 활성화시키거나 부족한 영양분의 보충을 필요로 한다. 화장수의 사용은 피부유형에 따라 지성피부, 건성피부, 중성피부에 적합한 화장수가 사용된다. 땀과 피지분비가 왕성한 젊은 연령층은 대부분 지성

피부의 유형으로 대체로 아스트린젠트류 화장수를 사용한다. 반면 노화가 시작되는 중년의 피부, 건조한 건성피부 유형은 알칼리성 화장수를 사용한다. 알칼리성 화장수에는 오드콜로뉴라라가 피부의 탄력 및 윤기 유지에 도움을 주는 기능을 하고 있다. 중성피부의 경우는 건강한 피부에 가깝기 때문에 본래의 피부상태를 오랫동안 유지할 수 있도록 중성화장수인 스킨로션을 주로 사용한다.

화장수 < 유연 화장수 → 수분공급 + 피부유연
수렴 화장수 → 수분공급 + 모공수축

유연·수렴	스킨 로션 (Skin Lotion)	화장수의 가장 일반적 명칭이다.
유연	스킨 소프너 (Skin Softner)	피부 유연의 효과가 있다.
	하이드로액티브 로션 (Hydroactive Lotion)	피부를 촉촉하게 하는 보습력이 높은 화장수로 하이드로(Hydro)는 물을 의미한다.
수렴	스킨 토너 (Skin Toner)	피부를 강하고 탄력 있게 한다.(토너, 토닉, 토닉로션이라 부름)
	아스트리젠트 로션 (Astringent Lotion)	수렴 화장수의 일반적 명칭, 모공을 조여 피부를 긴장시킨다.
	스킨 프레쉬너 (Skin Freshner)	약산성의 화장수로 사용 시 피부에 청량감을 준다.
	수딩 로션 (Soothing Lotion)	피부 진정의 효과가 있으며 민감성 피부의 쉽게 붉어지는 증상을 완화시킨다.

① 수렴 화장수(아스트린젠트)

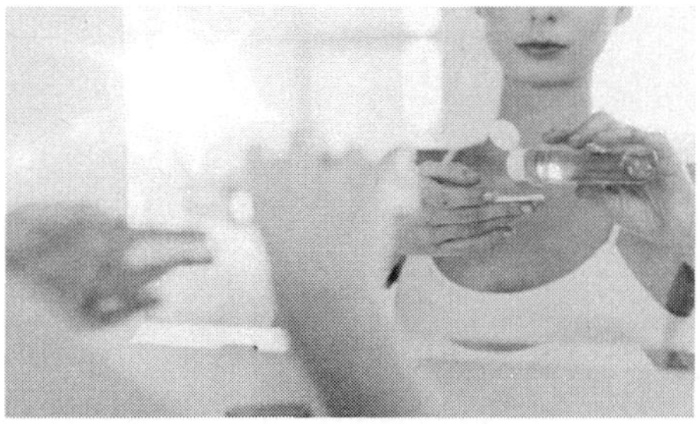

수렴 화장수는 아스트린젠트 화장수라 하여 사용량이 많을수록 효과가 크다. 화장수를 바르면 알코올분이 증발되면서 살갗의 열을 빼앗아가기 때문에 시원함을 느낄 수 있다. 또한 지방분이 포함되어 있지 않아 수렴 화장수를 사용한 후에는 유액·크림 등을 발라 유분을 보충해주는 것이 피부 보습을 위한 좋은 방법이다.

수렴 화장수는 피부를 수렴하고 지방분을 억제하는 화장수로서 물, 시트르산, 붕산에 향료와 알코올 원료를 첨가하여 만들어진다. 또한 피부건강과 화장이 오래 유지되도록 하기 위해 사용될 뿐만 아니라 각질층에 수분을 공급하고, 모공을 수축시켜 피부결을 정돈하는 역할을 한다. 또한 피부에 침투하기 쉬운 세균으로부터 보호하며 소독 작용을 하고

이완된 피부를 수축시킴으로써 피지의 과잉분비를 억제한다. 수렴 화장수의 사용은 사용량과 비례하여 큰 효과를 얻을 수 있으며 많이 사용할수록 산뜻한 감촉을 느낄 수 있으며 수렴 화장수의 사용은 화장수를 적당한 크기의 탈지면에 묻혀 시원함을 느낄 때까지 얼굴을 가볍게 두드리듯 바르는 것으로 직접 손에 묻혀서 바르면 손바닥에 거의 흡수되기 때문에 탈지면의 사용이 적합하다.

• 수렴 화장수의 수렴작용 •	
물리적 수렴	물리적 작용(찬물, 에탄올)에 의해 피부를 수렴하여 피부 응축을 통해 일시적 모공수축이 나타남
화학적 수렴	단백질 응고작용의 수렴제(탄닌)에 의해 땀샘과 모공이 일시적으로 수축됨

② **유연 화장수**

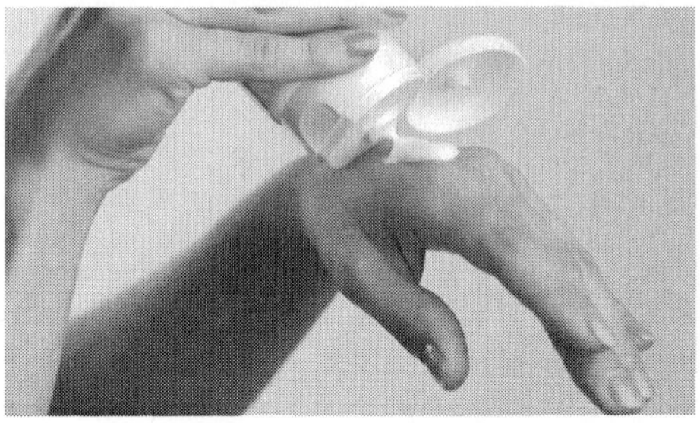

유연 화장수는 '스킨로션'이라 불리며 피부 각질층을 유연하게 하여 다음 단계에 사용할 화장품이 잘 흡수될 수 있도록 도와준다. 또한 노화된 각질을 부드럽게 하여 수분·보습 성분의 피부 침투를 촉진시킨다.

유연 화장수는 pH에 따라 약알칼리성, 중성, 약산성으로 구분되며 피부의 상태에 따라 촉촉한 타입이나 산뜻한 타입이 있고 세안 후 피부를 정돈하기 위해 가장 먼저 바르는 경우가 많다.

약알칼리성의 유연 화장수는 각질연화를 통해 수분 및 보습 성분의 침투로 피부를 촉촉하게 해주고 중성의 유연 화장수는 피부를 부드럽고 탄력 있게 해준다. 약산성의 유연 화장수는 pH 5.5 정도로 정상 피부의 pH와 유사하며 매끄러운 피부유지와 세균침투를 막아준다.

③ **영양 화장수**

기초화장품 중 가장 널리 사용되고 있는 투명한 액체 상태의 화장품으로 신체를 청결히 하고, 피부를 건강하게 유지하기 위하여 사용된다. 피부 표면에 바르는 동시에 청량감과 함께 피부보습능력을 유지해주며 피부 진정의 효과가 있다.

(2) 크림(Cream)

크림은 스킨케어에 주로 사용되며 유액과 같이 물과 오일이 서로 혼합되지 않은 분산계로 지방유나 유랍(油蠟) 중의 하나와 물을 계면활성제로 유화시켜 본 원료와 다른 형체로 만든 화장품을 말한다. 일종의 에멀젼으로 손상 및 소실된 천연보호막을 일시적으로 보충하여 피부에 촉촉함을 주고 외부의 자극으로부터 피부를 보호하는 역할을 한다. 또한 피부 수분(Moisture) 함

유의 균형을 조절하여 피부에 적합한 유·수분을 공급하며 혈액 순환 촉진, 세정, 화장이나 피부 노폐물 제거, 노화 방지, 화이트닝 효과 등 다양한 기능을 한다.

크림의 종류는 기능에 따라 피부보습과 유연의 크림은 모이스쳐, 에몰리엔트, 데이크림, 나이트크림, 핸드크림, 베이비크림이 있으며 혈액의 순환을 촉진시키고 피부를 유연하게 하는 기능의 크림에는 마사지 크림이 있다. 피부세정의 크림에는 클렌징 크림이 있으며 잔주름 제거의 기능에는 안티링클(Anti-wrinkle) 크림이 있다. 피부미백의 기능에는 화이트닝 크림, 자외선 방지의 기능에는 선탠(Suntan)크림, 셀프테닝(Self-tanning)크림이 있으며 각질을 연화시키는 각질연화 크림이 있다.

① **유성크림**

50% 이상의 유분함량으로 O/W형, W/O형이 있으며 건성피부에 효과적이다. 대표적으로 콜드크림, 에몰리언트 크림, 마사지 크림, 클렌징크림이 있다.

㉠ 콜드크림(Cold Cream)

콜드크림은 유동 파라핀이나 흰색 바셀린 등의 광물성 유랍을 동물성 유지(밀랍, 세탄올, 경랍, 탈수 라놀린)와 함께 물을 넣고 유화시킨 것을 말한다. 콜드크림은 물과 기름을 혼합한 것으로 피부에 발랐을 때 시원한 느낌을 주어 콜드크림이라 불렸다. 과거에는 추위로부터 피부건조를 막기 위해 유분함량이 50% 이상인 콜드크림을 사용하였으나 제거가 어려운 오염물질을 씻어버리거나 마사지용, 무대화장의 기초화장에도 사용된다. 또한 이용범위가 넓은 크림타입으로 모발 정발제로의 헤어크림도 이에 속한다.

㉡ 에몰리언트 크림(Emolian Cream)

에몰리언트 크림은 연화제 역할로 피부를 유연하게 만들어주는 크림으로 유화의 형태에 따라 O/W형과 W/O형으로 나뉜다.

▶ O/W형 에몰리언트 크림은 30~50%의 유분을 함유한 크림으로 약산성 크림과 콜드크림의 중간 성격을 말한다. 이는 중성에 가까우며 유분이 적을수록 사용감이 상쾌하고 유용성과 수용성 약제의 배합이 가능하다.

▶ W/O형 에몰리언트 크림은 유분의 함량이 많고 끈적임이 있어 비교적 선호도가 낮지만 아미노산과 유기변성 점토광물을 활용한 유화법의

개발로 안정성이 개선되고 유분함량의 조절이 가능해지면서 끈적임이 개선되고 있다.

㉢ 마사지 크림(Massage Cream)

마사지 크림은 50~80%의 유분이 함유된 크림으로 콜드크림에 속하며 피부에 도포할 때 차가운 느낌을 주고 광택이 있다. 피부의 혈액순환을 촉진시키고 피부의 세포를 활성화 시켜주는 크림으로 거친 피부를 개선하기 위해 사용된다.

㉣ 클렌징 크림(Cleansing Cream)

클렌징 크림은 기존에 사용 후 닦아내었던 타입에서 닦아내거나 씻어내는 복합적 유성크림이라 할 수 있다. 세안 후 끈적임을 덜어내기 위한 고형 및 반고형의 상태를 유지하기 위해 유분의 비율을 조절할 수 있다.

② **중유성 크림**

중유성 크림은 약 20~50%의 유분이 함량되어 O/W형으로 유성크림에 비해 사용감이 비교적 가벼우며 핸드크림과 베이비크림이 대표적이다. 피부나 모발을 건강하게 해주는 화장품으로 베이비크림이나 핸드크림을 포함하며 양자의 중간적인 원료배합으로 동물성 유지 이외에 스쿠알란, 아몬드유, 올리브유, 라놀린 알코올 등 직접 피부에 영양이 될 수 있는 원료유를 많이 함유한 것으로 때로는 여성호르몬이 첨가되며 염색·탈색·콜드퍼머넌트 등으로 상한 모발을 보호하거나, 끊어지거나 갈라지는 모발에 영양을 주는 헤어트리트먼트 크림류도 이에 속한다.

③ **약유성 크림**

약유성 크림은 약 10~30%의 유분이 함량되어 대부분 O/W형이다. 사용감이 다른 크림에 비해 가볍고 산뜻하며 지성피부에 효과적인 모이스처 크림이다.

이는 피부에 바르면 스며들며 물과 스테아린산, 고급알코올, 스테아린산 모노글리세리드 등의 원료가 사용된다. 오래전부터 사용되었으며 수용성 다가알코올의 첨가로 보습효과가 있다. O/W형의 유화형태에만 존재하며 기온의 변화, 오염 등 외부환경의 자극으로부터 민감한 피부를 보호하고, 매끄럽게 유지하며, 윤기 있는 피부를 유지하기 위해 사용한다. 대표적으로 모이스쳐 크림(Moisture Cream)과 화장용 로션이 있다.

(3) 에센스(Essence)

에센스는 '세럼(Serum)'이라 하며 피부에 좋은 원료들을 농축해 놓은 고농축 미용액으로 기존의 기초화장품 유액이나 에몰리언트 크림보다 사용감이 좋으며 보습효과, 자외선 방어, 미백효과, 주름방지 효과, 산화방지효과, 소염효과, 피부세포 재생효과, 노화방지 효과가 있다. 크게 에센스는 스킨타입, 로션·크림타입, 오일 타입으로 나뉜다.

구분	특징
스킨타입	산뜻한 사용감과 다량의 보습제와의 배합이 가능하다. 하지만 수용성 성분만의 배합은 피부 유연성을 저하시킨다.
로션·크림타입	유용성 성분과 수용성 성분의 배합은 쉽지만 기존의 로션(유액)과의 차별성이 부족하다. 또한 다량의 유용성 성분 배합이 가능하고 피부유연효과가 우수하지만 영양크림과의 차별성이 부족하다.
오일 타입	투명하고 화장품 용기의 변형이 자유롭지만 다량 배합이 어렵다.

① 스킨타입 에센스(투명·반투명)

가용화, 마이크로에멀젼, 리포좀 기술 등을 활용하여 제조되며 화장수보다 보습제의 높은 배합비율로 대중적으로 사용된다.

② 로션·크림타입 에센스

O/W형, W/O형, W/O/W형 에멀젼으로 제조한 에센스를 포함하며 에몰리엔트제를 다량 배합이 가능함, 자외선 흡수제를 비롯하여 오일에 용해되는 성분들을 다량으로 배합한 제품이다.

③ 오일타입 에센스

기존의 에센스, 올리브유, 호호바유, 밍크유, 스쿠알란 등의 동식물 유지를 기초로 성상을 조정하나 다른 에센스 타입에 비해 효율성이 떨어진다.

(4) 로션(Lotion, 유액)

화장수와 크림의 중간적 성격으로 화장수와 함께 가장 널리 이용되며 크림에 비해 유분량이 30% 이하로 적으면서도 유동성이 있는 에멀젼을 말한다.

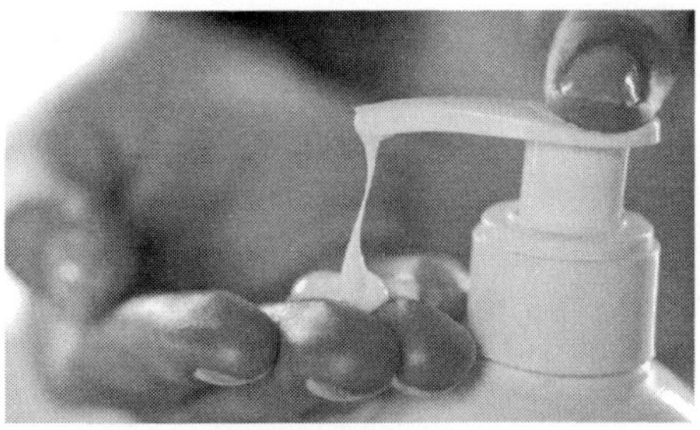

수분, 보습제, 유분을 공급하여 피부 유연 및 보습 능력을 이루게 하여 혈액순환을 촉진하고 세정 및 자외선 방어의 기능을 한다. 오일보다 피부에 잘 퍼지고 빨리 흡수되어 간편하게 사용할 수 있는 장점이 있다.

종류	로션
화장수에 가까운 로션	지성피부용, 3~8%의 유분 함유
모이스처 로션, 밀크로션	10~20%의 유분 함유
에몰리언트 로션, 클렌징로션	건성피부용, 20~30%의 유분 함유

① **로션의 기능**

로션은 기능에 따라 다양하게 구분된다. 대부분의 로션은 에몰리언트 로션으로 피부보습 및 유연의 기능을 가지고 있으며 정도에 따라 모이스처, 밀크, 나리싱, 나리싱 밀크, 스킨 모이스처, 실키로션 등으로 세분화 된다. 마사지 로션은 피부의 혈액순환을 촉진시키는 기능을 하며 클렌징 로션은 세안의 기능을 한다. 선프로텍트로션과 선스크린 로션은 자외선 방어의 기능을 하며 엘보우 로션의 기능은 각질을 유연하게 한다. 또한 밀크로션과 헤어 컨디셔너는 모발보호의 기능을 하고 바디로션, 핸드로션, 안티셀룰라이트 로션은 특정 신체부위에 따른 기능을 가지고 있다.

• 로션의 기능 •

로션	기능
에몰리언트 로션	피부보습 및 유연
마사지 로션	피부의 혈액순환 촉진
클렌징 로션	세안
선프로텍트 로션, 선스크린 로션	자외선 방어
엘보우 로션	각질 연화
밀크 로션, 헤어컨디셔너	모발보호

(5) 파우더

파우더는 가루, 화장용의 분(粉)이란 뜻으로 미립자의 분말로서 아연화, 이산화티탄, 전분 등의 성분으로 구성되어 있다. 파우더의 입자는 수분이나 기름을 흡수하는 작용이 있어 살균제나 향을 섞어서 땀을 억제하거나 외부환경으로부터의 감염을 방지하는 역할을 한다. 이러한 파우더의 종류에는 베이비파우더, 탤컴파우더, 퍼퓸드바스파우더가 있다.

① **베이비파우더(Baby Powder)**

베이비파우더는 피부 땀띠나 짓무름의 예방을 위해 사용되며 특히 유아의 땀띠와 기저귀 자국에 사용하는 가루분을 말한다.

② **탤컴파우더(Talcum Powder)**

탤컴파우더는 땀과 수분을 잘 흡수하는 분말 화장품이다. 땀띠 예방에 효과적이며 천연 함수 규산마그네슘인 활석이 주성분으로 구성되어 있다. 활석은 조직액에 녹지 않는 분말로 독물, 가스, 세균 등의 자극성 물질을 강한 표면활성에 의해 흡착하여 이를 제거하는 기능이 있다. 피부 손상부위에 바르면 가피형성(痂皮形成)을 촉진하며 표피의 엷은 막을 형성하여 소염과 지혈을 돕는다. 이러한 활석 가루에 붕산과 향료를 섞어 만든 가루가 탤컴파우더이다.

가루분보다는 잘 묻어나지 않지만 싸늘한 느낌을 주고 매끈한 감촉이 있으며 베이비파우더와 면도 후 바르는 애프터 셰이빙 파우더가 이와 유사하다.

③ **퍼퓸드바스파우더(Perfumed Bath Powder)**

퍼퓸드바스파우더는 목욕 후 몸에 바르면 땀을 말리고 피부를 매끈하게 해주는 향기가 있는 가루분을 말한다. 활석을 주원료로 하는 땀띠약으로 1~3% 부향(賦香)한 것이며 '더스팅 파우더'라 불리기도 한다. 퍼퓸드바스파우더의 성분은 $3MgO \cdot 4SiO \cdot H_2O$로 조성되어 백색에서 담황백색을 보이며 식품 제조상에서는 주로 여과조제용으로 특히 추잉 껌(Chewing gum)에서 찾을 수 있다.

CHAPTER 5

기능성화장품

실용화장품학

CHAPTER

05 기능성화장품

① 기능성화장품의 개념

기능성화장품은 국제적으로 통용된 것은 아니지만 일반적으로 '코스메슈티컬(Cosmeceutical)'이라 하며 'Cosmetics(화장품)'와 'Pharmaceutical(의약품)'가 합성된 용어이다.

기능성화장품은 보습, 주름 개선, 미백 등의 특정 기능을 강화한 화장품으로 천연 오일, 꽃잎, 광물 등을 주로 사용하며 18세기 산업 및 약학의 발전을 기반으로 시작하여 19세기부터 화학적 과정을 거친 기능성화장품이 본격적으로 개발되고 대중화되었다. 또한 에센스, 세럼, 크림, 파우더, 베이스 등 다양한 제형으로 제조되고 있으며 복합적 기능 함축의 화장품으로 간편성과 실용적 측면에서 소비자들에게 선호되고 있다. 기능성화장품은 보습, 주름 개선, 미백의 기능 외에 모공 케어, 보습강화, 영양공급, 탄력강화, 여드름 치료 등 다양한 목적에 따른 성분으로 제조된다.

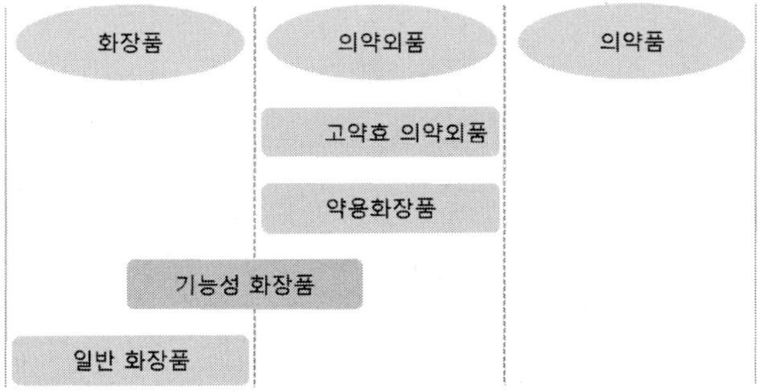

기능성화장품의 개념

② 기능성화장품의 범위

기능성화장품은 "총리령으로 정하는 화장품" 각 호의 화장품을 말하며 화장품법 제2조 제2호에 의해 기능성화장품의 범위를 설정하고 있다. 미백 기능성화장품은 피부 미백에 있어서 멜라닌색소가 피부에 침착하는 것을 방지하여 기미와 주근깨 등을 억제시키는 화장품, 멜라닌색소를 엷게 하는 기능을 가진 화장품을 피부 미백 기능성화장품의 범위로 한다. 주름 완화 및 개선의 기능성화장품은 피부탄력을 향상시키는 기능을 가지며 강한 햇빛으로부터 피부를 곱게 태워주는 기능, 자외선차단의 기능, 일시적 모발색 변화를 제외한 영구·반영구적 모발 색의 변화(脫染·脫色 포함) 등의 기능에 따라 이에 상응하는 화장품을 기능성화장품이라 한다. 이 외에 체모 제거의 기능(물리적 체모 제거 제품은 제외), 탈모 완화에 도움을 주는 기능, 인체세정용 제품 중 여드름성 완화의 기능이 있는 화장품, 아토피성 피부에 건조함을 완화하는 기능의 화장품, 튼살 완화에 도움을 주는 기능성화장품이 있다.

국내 화장품법에 따른 기능성화장품의 범위

※ 피부에 멜라닌색소가 침착되는 것을 방지하여 기미·주근깨 등의 생성을 억제하고 미백에 도움을 주는 기능을 가진 화장품

※ 피부에 침착된 멜라닌색소의 색을 엷게 하여 피부의 미백에 도움을 주는 기능을 가진 화장품

※ 피부에 탄력성과 주름을 완화 또는 개선하는 기능을 가진 화장품

※ 강한 햇볕을 방지하여 피부를 곱게 태워주는 기능을 가진 화장품

※ 자외선을 차단 또는 산란시켜 자외선으로부터 피부를 보호하는 기능을 가진 화장품

※ 모발의 색상을 변화(탈염(脫染)·탈색(脫色)을 포함)시키는 기능을 가진 화장품으로 일시적으로 모발의 색상을 변화시키는 제품은 제외됨

※ 체모 제거 기능의 화장품으로 물리적 방법의 제품은 제외함

※ 탈모 완화에 도움을 주는 화장품으로 코팅처럼 물리적으로 모발을 굵게 보이게 하는 제품은 제외함

※ 여드름성 피부 완화에 도움을 주는 것으로 인체세정용 제품에 한함

※ 아토피성 피부로 인한 건조함 등을 완화하는 데 도움을 주는 화장품

※ 튼살로 인한 붉은 선을 엷게 하는 데 도움을 주는 화장품

③ 기능성화장품의 분류

1) 미백화장품

미백화장품은 미백원료를 강화하여 피부가 희고 환하게 되도록 도움을 주는 화장품이다.

검고 칙칙한 피부는 자외선, 여성호르몬의 불균형, 정신적 스트레스 등에 의해 멜라닌색소가 과잉 생산되어 나타나며 기미와 주근깨를 동반한다. 기미와 주근깨는 멜라닌의 갈색 색소에서 아미노산인 티로신(Tyrosine)이 티로시나아제에 의해 산화되어 멜라닌색소를 형성하면서 생성된다. 형성된 멜라닌색소는 각질형성세포(Keratinocyte)로 유입되어 점차 표피층으로 옮겨지며 각화과정을 겪는다. 각화과정을 통해 멜라닌색소는 딱딱한 각질층이 되어 표피에서 각질과 함께 탈락하여 외부로 배출된다. 이때 피부에서 탈락한 멜라닌색소의 자리에 기미나 주근깨가 생기게 된다.

미백 기능성화장품은 주로 멜라닌색소를 촉진하는 티로시나아제(Tyrosinase)나 도파(DOPA)의 산화를 억제시키거나 멜라닌세포를 사멸시키는 자외선 차단 기능을 강화하여 제조된다. 기초화장품과 화장용화장품에 피부미백의 기능성을 부여할 수 있으며 주로 스킨, 로션, 에센스, 크림을 비롯해 자외선차단제, 메이크업베이스, 파운데이션 등에 미백기능을 더하고 있다. 최근에는 미백 앰플, 다크스팟(Dark spot) 제품과 같이 얼굴뿐만 아니라 팔꿈치, 겨드랑이, 엉덩이 등 색소침착이 일어난 신체 특정 부분의 미백 및 피부 탄력 강화를 위한 화장품도 출시되고 있다. 뿐만 아니라 자연계 식물의 추출물이나 쌀 추출물 등 친환경적 원료를 활용하여 민감성피부나 손상피부에 진정효과를 감안하여 제조되고 있다.

• 피부미백 성분 •

성분	효과
알부틴, 코직산, 상백피추출물, 닥나무추출물	티로시나아제의 작용 억제
비타민 C	도파의 산화 억제
하이드로퀴논	멜라닌세포 사멸
옥틸디메틸 파바, 이산화티탄	자외선 차단

최근에는 식약청(식품의약품안전청)에 등록된 미백물질의 농도가 일정 기준 이상을 충족시켜야만 기능성화장품으로 인정하고 있으며 본래 미백물질은 일정량 이상이 되어야 효능을 발휘할 수 있기 때문이다. 하지만 함량에 있어서 부작용이 없는 양을 사용해야 하고 화장품 안전성 평가와 임상실험을 통해 화장품의 효능 및 안정성이 증명되어야 한다.

• 식품의약품안전청에 따른 미백성분의 함량기준 •	
미백성분	함량(%)
닥나무추출물	2 이상
알부틴	2~5
에칠아스코빌에텔	1~2
유용성 감초추출물	0.05 이상
아스코빌글루코사이드	1 이상
나이아신아마이드	2~5
알파-비사볼올	0.5 이상
아스코빌테트라이스팔미테이트	2 이상

2) 자외선차단 화장품

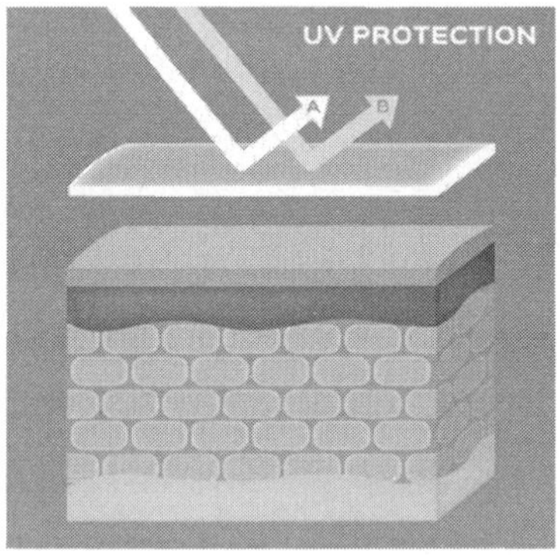

이산화티탄과 산화아연분말은 자외선 A를 차단해주는 원료이며 유기화합물은 자외선 B를 차단해준다. 유기화합물은 약 20종으로 아미노벤조산, 벤조페논 등은 빛을 흡수하는 분자구조를 가지고 있으며 오일이 함유되어 땀, 물 등에 잘 씻겨나가지 않아 오랫동안 지속된다. 하지만 피부 흡수력이 뛰어나지 않기 때문에 피부 표면을 덮어주는 특징이 있다. 이는 기초화장 마지막 단계에서 부드럽게 펴 발라주어 콜라겐의 파괴를 막아 각질층의 건조 및 민감성을 완화시켜 준다. 또한 얼굴 외에 어깨, 목, 팔, 손 등에 사용하여 주름, 기미, 검버섯이 생기는 것을 예방할 수 있고 피부 염증 및 멜라닌색소 침착에 의한 피부 착색을 막아주는 역할을 한다.

(1) 자외선차단제와 자외선산란제

① 자외선차단제

280~400nm의 자외선 전역을 흡수하는 것이 이상적이다. 우리가 주로 사용하는 자외선차단제는 UVB 중파장의 자외선차단 제품으로 신나메이트, 벤조페논유도체, 살리실산유도체 등이 주요 원료로 사용된다. 자외선차단제의 선택은 가벼운 사용감, 화장을 덧바르기 용이함, 부작용 등에 유의하여 선택해야 한다.

② 자외선산란제

이산화티탄과 산아아연이 주성분으로 자외선을 산란시켜 자외선이 피부에 닿는 것을 방지하는 역할을 한다. 그러나 사용감이 불편하고 두껍게 발리며 피부에 발랐을 때 하얗게 변하므로 많이 사용되지는 않는다.

자외선차단제의 조건

※ 높은 안전성
※ 독성이 없어 피부트러블을 일으키지 않아야 한다.
※ 자외선 차단 및 흡수 능력이 우수하고 자외선의 폭넓은 흡수가 가능해야 한다.
※ 자외선이나 열에 의한 변화가 일어나지 않아야 한다.
※ 화장품의 기본 원료가 좋아야 하며 사용성이 우수해야 한다.

• 자외선차단 화장품의 원료와 작용원리 •

작용원리	자외선차단 원료	차단자외선의 종류
자외선흡수제 (화학적 작용)	신나메이트	UVB
	살리실레이트	UVB
	안트라닐레이트	UVA, UVB
	옥틸트리아존	UVB
	부틸메톡시디벤조일메탄	UVA, UVB
자외선산란제 (물리적 작용)	티타늄옥사이드	UVA, UVB
	징크옥사이드	UVA, UVB

3) 주름개선 화장품

주름개선 화장품은 피부의 재생능력을 강화시키며 노화 방지에 효과가 있는 화장품이다. 앰플이나 리프팅 세럼이 대표적이며 특정 기간에 집중적으로 사용해야 피부탄력 향상에 효과가 있다. 최근에는 팔자주름, 목주름 등으로 사용범위가 확대되고 있다.

특히, 뮤신은 '달팽이 크림'으로 알려진 피부세포 재생 및 노화 방지를 위한 주름개선 화장품의 주요 원료로 인체의 점액에 끈기를 부여해준다. 또한 폴리펩티드로 형성된 호르몬 피부재생성분 EGF(표피세포 성장인자)와 아데노신 역시 주름개선 화장품의 주요 원료이며 피부의 세포 생성을 촉진하고 탄력성과 활력을 더해주는 기능을 한다. 세라마이드,

히알루론산, 아르간오일 등은 피부에 풍부한 보습 및 영양을 주고 수분 보호막을 형성하여 외부로부터 피부의 수분 소실을 미연에 방지하여 촉촉한 피부를 유지할 수 있게 해준다.

이 외에 티타늄디옥사이드, 이산화티타늄, 징크옥사이드는 비활성 미네랄 성분으로 자외선 차단 제품의 광물에서 추출할 수 있으며 티타늄디옥사이드는 착색, 불투명화, 자외선 차단, 변색 방지를 목적으로 사용하는 식약처 화장품성분이다. 이산화티타늄은 우수한 음폐력의 백색 색소로 열에 강하여 빛이나 자외선에 의한 변질을 막아주고 징크옥사이드는 자외선을 산란하여 차단하며 착색, 피부보호 등의 목적을 위해 사용된다.

• 주름개선 화장품 원료 •

성분	특징
뮤신	피부세포 재생, 노화 방지, 주름 개선
피부재생성분, EFG(표피세포 성장인자), 아데노신	주름 개선, 피부세포 생성 촉진, 펩타이드 성분의 탄력 향상
세라마이드, 히알루론산, 아르간 오일	풍부한 보습, 건조함 해소, 수분 보호막 형성
티타늄디옥사이드	피부표면에 보호막 형성, 자외선의 물리적 차단
징크옥사이드	자외선 산란

① 아이크림(Eye Cream)

안티에이징 제품으로 눈가 주름 및 다크서클 완화를 위해 사용된다. 영양크림보다 가벼운 질감이고 에센스보다는 무거운 타입이 많으며 앰플이나 세럼으로 제조되기도 한다. 눈가의 주름은 피부가 얇고 모공이 작기 때문에 다른 화장품류에 비해 사용감이 가벼워야 하며 피부 노화를 방지하는 기능이 있어야 한다. 이에 주름 생성을 막는데 효과적이며 피부 영양분의 공급과 촉촉함을 유지할 수 있고 특히 팔자주름처럼 피지선이 발달된 부위는 빠른 흡수가 가능하여 주름 개선에 효과적이다. 또한 매우 건조한 피부나 칙칙한 피부에 아이크림을 전체적으로 사용할 경우 피부에 영양을 공급해주어 피부개선의 효과가 있으며 목주름, 팔자주름, 입술주름 개선에도 사용되고 있다.

아이크림의 원료는 정제수, 글리세린, 글리세릴스테아레이트, 세테아레스-12, 사테아릴알코올, 매칠파라벤, 판토락톤 등이 기본 성분으로 호호바씨 오일과 호박가루, 히알루론산, 비타민 C, E, 아몬드오일, 판테놀, 포도씨유, 아세트산 등으로 구성되어 있다.

② 안티에이징 에센스(Anti-aging Essence)

노화방지 에센스라 하며 콜라겐 합성 부스트로 피부세포를 활성화 시켜 피부를 보호한다. 탄력적이고 생기 있는 피부를 유지하게 하여 주름을 완화시키는 기능이 있으며 폴리페놀, 비타민 C, A, E, 징코빌로바, 히알루론산, 펩타이드, 코엔자임 Q10 등이 주요 원료로 구성된다.

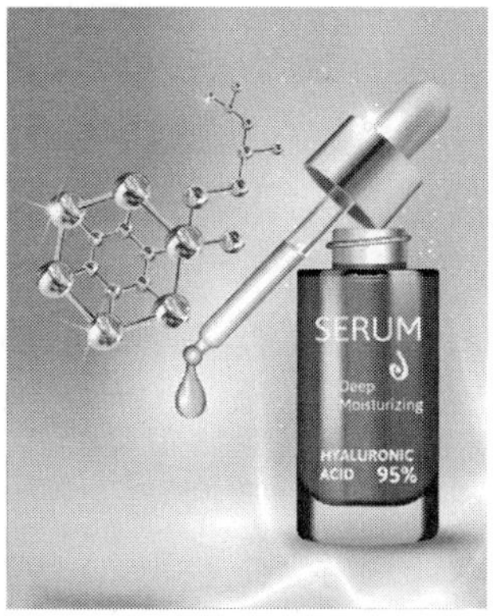

③ 에센스와 앰플

고기능성 첨가물이 대체로 많이 혼합되어 있으며 스킨과 유사하다.

④ 블레미쉬 밤(Blemish Balm, BB크림)

색조가 있는 수분공급 크림으로 프라이머, 모이스처라이저, 자외선 차단, 피부톤 개선의 기능을 통합한 일체형 화장품을 말한다. 본래 '상처 치유 크림'의 줄임말로 피부 진정을 위한 치료 연고로 사용되었지만 메이크업 기능을 더하며 '뷰티밤(Beauty Balm)'으로 불리기 시작했다. 수분 공급, 피부 결 개선, 안티에이징, 자외선 차단의 기능과 밝은 피부 톤 연출 및 커버력을 갖춘 화장품이며 스킨케어, 메이크업베이스, 파운데이션의 역할이 가능하여 실용적이고 사용 시 번들거림이 적다. 제조에는 자외선 차단의 기능을 하는 산화아연, 발림성, 흡착력, 탈크, 실리카, 이산화티타늄과 피부색 보정을 위한 산화철이 사용된다.

4) 각질제거 화장품

각질제거는 화학적인 방법과 물리적인 방법으로 제거되며 물리적 방법은 기계나 파일 등의 물리적 도구를 활용한 방법이고 화학적 방법은 수분과 온도를 활용한 방법을 말한다. 화학적 방법의 각질제거는 알파히드록시산(Alpha-hydroxy acid : AHA)을 이용하는 방법으로 글리콜산(Glycolic-acid), 사과산(Malic acid), 주석산(Tartaric acid), 구연산(citric acid) 등으로 표피층에 있는 불필요한 각질을 제거한다. 알파히드록시산(AHA)은 각질세포를 제거하는 기능 외에도 피부의 노화 회복의 기능이 있다. 글리콜산은 pH 3.5로 6개월 이상 지속적으로 사용할 시 멜라닌색소의 고른 분포와 엘라스틴의 기능이 향상되어 피부탄력을 증진시키는 효과가 있으며 교원섬유인 콜라겐의 수를 증가시켜 피부 주름을 완화시키기 때문에 피부유연에 도움을 준다.

5) 여드름 화장품

여드름은 나이나 인종에 관계없이 생길 수 있으며 특히 10대의 청소년층에서 가장 흔하게 나타난다. 여드름은 피부의 기름샘에 의한 것으로 왕성한 피지분비와 모공 내측의 각질이 두꺼워지면서 모공이 막히고 피지가 쌓이면서 발생한다.

이러한 여드름의 원인은 호르몬의 변화, 임신, 피임약의 작용, 유전, 약의 복용, 유분이 과다한 화장 등에서 찾을 수 있으며 이는 피지분비를 증가시켜 모피지관의 과각화를 유발하여 세균 및 염증을 일으킨다. 이에 비누 혹은 약산성의 세안제와 여드름균 살균을 위한 살균제, 피부의 피지 분비를 억제하는 수렴제가 여드름 화장품에 첨가된다. 또한 과각화로 인한 과다한 각질 형성을 완화시키기 위해 각질용해제가 배합되거나 유황(Sulfur), 레졸신, 살리실산(Salicylic acid), 단백질분해효소 등이 주로 활용된다. 이처럼 화장수 역시 여드름용의 경우 피부 긴장을 위한 수렴 화장수에 살균제와 각질용해제가 배합되어 있지만 보다 많은 에탄올을 함유하고 있다.

• 여드름의 유형 •	
화이트헤드	피부표면 아래의 여드름
블랙헤드	피부표면 위로 드러나는 여드름으로 검정색이며 통증이 나타날 수 있음
농포여드름	붉은 돌기가 발생되며 바닥이 빨갛고 고름이 있음
결절여드름	피부 깊숙이 있는 단단하고 커다란 여드름으로 통증이 있음

6) 제모 화장품

제모는 최근 편리성과 미용상의 목적으로 성별에 상관없이 광범위하게 행해지고 있으며 제거 방법에는 물리적 방법과 화학적 방법이 있다. 물리적으로 제거하는 방법은 탈모 테이프나 제모기기를 활용한 방법으로 대표적으로 탈모왁스가 있다. 탈모왁스는 로진(Rosin)의 밀납과 파라핀을 배합하여 가온한 뒤 녹인 후에 피부에 붙여 굳히는 것으로 굳으면서 털이 함께 고화된다. 고화된 털을 강제로 제거하는 것이 탈모왁스를 활용한 제모의 방법으로 피부자극이 크고 모포 내의 손상을 초래할 수 있어 사용에 유의해야 한다. 한편 화학적 방법으로의 제모는 털을 구성하는 케라틴을 연화시켜 용해하여 절단하는 방법으로 티오글리콜산 성분이 주로 활용된다. 이는 퍼머넌트웨이브제의 주요성분으로 케라틴의 시스틴 결합(–S–S)에 관여하며 강한 알칼리의 성질이다. 그러나 냄새가 불쾌하고 피부자극의 위험이 있어 비교적 냄새가 적고 자극이 덜한 티오글리콜산칼슘이 제모화장품에 주로 사용된다. 티오글리콜산칼슘 성분은 산화가 쉽게 이루어져 제모 화장품은 피부에 두껍게 바르도록 하며 털의 두께에 따른 양의 조절을 필요로 한다.

CHAPTER 6

색조 화장용 화장품

실용화장품학

CHAPTER

06 색조 화장용 화장품

① 색조화장품의 안료

색조화장용 화장품은 기제와 안료를 주요 원료로 하며 기제는 안료를 분산시키는 매개체의 역할을 하며 유성원료, 수성원료, 계면활성제, 알코올이 이에 해당된다. 안료에는 크게 백색안료, 착색안료, 체질안료, 펄 안료가 있으며 백색안료는 산화티탄(Titanium dioxide), 아연화(Zinc oxide), 리토폰(Lithopone), 연백(White lead)이 대표적이다. 착색안료에는 산화철(Iron oxid), 레이크(Lake) 등이 있고 체질안료에는 탈크(Talc), 마이카(Mica), 카올린(Kaoiln) 등이 있다.

안료(Pigment)는 용제에 녹지 않는 물질로 색조 화장품의 10~50%를 차지한다. 무기안료와 유기안료로 나뉘며 적절한 비율로 혼합하여 사용한다. 무기안료는 커버력이 우수하고 빛과 산, 알칼리에 강하지만 색상이 화려하지 못하여 선명한 발색을 필요로 하는 제품에는 주로 유기안료가 사용된다. 한편 염료(Dye)는 물이나 오일에 녹는 색소를 말하며 물에 녹는 수용성 염료(Water soluble dye)와 오일에 녹는 유용성 염료(Oil soluble dye)로 나뉜다. 이는 화장품에 적당한 색상을 부여하기 위해 사용되며 수용성 염료는 화장수, 로션, 샴푸 등의 착색에 사용되고 유용성 염료는 헤어 오일과 같은 유성화장품의 착색에 사용된다.

1) 백색안료(Weisse Pigment)

백색안료는 색조화장용 화장품에서 가장 많이 활용되고 있는 무색투명의 백색을 띤 안료를 총칭한다. 굴절률이 큰 광물의 미분말로 이루어져 있으며 색을 희게 착색할 뿐만 아니라 특정

색의 발색을 위해 다른 유색안료와 혼합하여 사용되기도 한다. 미분말의 집합으로 반사와 굴절에 의해 산란되어 순백에 가깝게 보이며 보라의 단파장이 흡수되면 황색을 띤 백색이 되고 빨강의 장파장이 흡수되면 푸른색을 띤 백색이 된다. 산화티탄, 아연화, 리토폰, 연백이 대표적인 백색안료로 주로 도료와 그림도구, 색 배합용으로 사용되고 있다.

(1) 산화티탄(Titanium Dioxide)

산화티탄은 색조화장품에 가장 많이 사용되는 백색안료로 물에 용해되지 않는 무색의 결정으로 TiO_2, 산화티탄(Ⅳ)이라 한다. 은폐력이 큰 안료이기 때문에 금속제품의 연마나 광택을 내기 위한 목적으로 사용되며 3개의 다른 변태가 일어난다. 이는 결정구조에 따라 루틸형, 아나타제형(예추형), 브루카이트형으로 나뉘는데 고온에서 안정된 형태를 루틸형이라 하고 저온에서 안정한 형태를 아나타스형이라 하며 중간온도에서 안정한 형을 브루카이트형이라 한다. 특히 루틸형은 열에 강하고 침식되지 않는 특징이 있다.

(2) 산화아연(ZnO, Zinc oxide)

산화아연은 백색결정으로 산소와 아연의 화합에 의한 가벼운 백색분말을 말하며 자연계에서는 홍아연석의 연소와 가열을 통해 산출된다. 이를 아연화(亞鉛華), 아연백(亞鉛白:zinc white)이라고도 하는데 공업약품이나 의약품, 안료로서의 명칭은 아연화이며 백색 안료로서의 명칭은 아연백이라 한다. 물에는 불용성이지만 산이나 진한 알칼리에는 용해되는 양쪽성 산화물이다. 자연계의 산화아연은 이산화티탄보다 입자가 고와 은폐력이 약하고 연백(鉛白)보다 피복력이 떨어지지만 내광성과 내열성이 우수하다.

(3) 리토폰(Lithopone)

황화아연과 황산바륨의 혼합물로 산출된 백색안료로 연백보다 은폐력과 착색력이 우수하고 아연화보다 물과 알칼리에 녹지 않는다. 하지만 산에는 용해되는 성질이 있으며 때문에 코발트염을 소량 첨가하여 억제시킨다.

(4) 연백(White lead)

연백은 백색안료로 오래전부터 사용되었으며 물에 용해되지 않지만 이산화탄소가 발생된다. 안료로서 성질이 뛰어나지만 과거에는 분 원료로 사용되어 납중독의 원인이 되었다.

2) 착색안료(Coloring Pigment)

착색안료는 물과 기름, 용제에 용해되지 않고 열에 강한 유색의 분말로서 유기안료와 무기안료로 나뉘며 무기안료는 티탄, 납과 같이 철의 성질을 갖는 금속화합물이지만 석유나 천연가스를 불완전 연소시켜 얻어진 카본블랙 역시 이에 속한다. 유기안료는 물과 용제에 용해되지 않는 안료로 체질안료의 염색으로 얻어지기도 하지만 우수한 착색력과 달리 색의 선명도가 떨어지는 단점이 있다.

(1) 레이크(Lake)

수용성 염료를 금속염과 반응시켜 용제에 녹지 않는 물질로 만든 안료로 안전성 위험이 있으나 선명하게 발색되고 착색력이 우수하다. 약산성이나 약염기성 용액(pH 3.5~10.5)에는 녹지 않고 강한 산이나 염기에 녹는다. 불용성의 레이크안료는 가용성(설폰산기, 카복실기)의 산성염료를 나트륨염, 칼슘염, 바륨염, 스트론튬염, 망가니즈염, 알루미늄염 등과 반응시킨 것으로 빛에 대한 안정성이 떨어진다.

(2) 프탈로사로사이아닌(Phthalocyanine)

염료를 중금속 착염과 반응시켜 불용화한 것으로 프탈로사이아닌은 관습상 레이크로 취급하지 않는다.

CHAPTER 06

3) 체질안료(Extender Pigment)

화장품의 기본적 형태나 사용감을 형성하는 분체로 단독으로 사용하거나 착색안료와 함께 사용한다. 안료의 제조에 있어서 무채색 안료를 총칭하며 굴절률이 작아 내구성이 떨어지기 때문에 체질이라 하고 이에 침전시켜 얻어진 불용성 안료를 레이크 안료(Lake pigment)라 하여 물들이는(염색) 안료로 사용한다. 마이카(Mica), 탈크(Talc), 카올린(Kaolin), 세리사이트(Sericite), 무수균산(Silicic anhydride) 등이 대표적이며 색조 화장품 색의 농도, 제품의 퍼짐성, 감촉을 조절한다.

(1) 마이카(Mica)

마이카는 우수한 탄력성으로 화장품의 사용감을 좋게 하며 화장품을 바를 때 뭉침 현상이 일어나지 않도록 해준다. 또한 자연스러운 광택감으로 파우더에 주로 사용된다.

(2) 탈크(Talc)

탈크는 활석이라 하며 화장품 사용감을 매끄럽게 해주고 흡수력을 향상시켜준다.

(3) 카올린(kaolin)

카올린은 화장품의 땀, 피지 흡수력을 우수하게 해주며 피부 부착성을 향상시켜 주지만 사용감은 떨어진다.

4) 펄 안료(Pearl Pigment)

진주의 광택과 홍채색 또는 금속 질감을 나타내기 위해 사용되는 특수한 광학적 성질의 안료이다. 자연계에서는 갈치의 비늘을 정제하여 얻을 수 있으며 인공적으로는 염기성 탄산연계를 통해 얻을 수 있다. 이는 내광성과 내열성이 우수하며 안전성이 높은 특징이 있다.

천연 색소

천연색소는 동물 혹은 식물에서 얻어지며 안전성이 높아 약리효과를 기대할 수 있다. 하지만 천연물이라는 제한된 원료로 인해 대량생산이 어렵고 원료 공급의 안정성이 떨어져 가격이 높으며 고순도 색재를 얻기 힘들다. 원료에 따라 다른 맛과 향취가 있으나 유기합성 색소에 비해 내광성과 내열성이 약하기 때문에 천연색소가 화장품에 사용되는 것은 한정적이다. 예로써 천연색소가 활용된 화장품류에는 볼연지나 립스틱의 붉은 홍화 꽃잎 색소 카르타민(Carthamin)과 황색 색소인 β-카로틴(β-carotene), 크림이나 알코올류에 이용되는 녹색 색소 클로로필(Chlorophyll)이 있다.

2 색조화장품의 분류

1) 메이크업 베이스(Make-up Base)

메이크업 베이스는 기초화장과 본 화장 중간에 사용되며 메이크업 파운데이션을 바르기 전에 발라주는 밑 화장용 화장품을 말한다. 파운데이션의 밀착성을 높이고 피부 톤의 조절이 가능하며 안료의 향이 적게 함유되어 있다. 이는 파운데이션의 밀착력을 향상시켜 화장이 오래 지속될 수 있게 하며 화장의 들뜸 현상을 방지하기 위해 사용한다. 또한 메이크업 베이스는 인공 피지막을 형성시켜 피부 보호의 목적으로 사용하며 색소가 피부에 침착되는 것을 방지하기 위해 사용한다.

(1) 메이크업 베이스(Make-up Base)의 색상

① **초록(Green)**
기미, 주근깨, 여드름과 같이 잡티가 많은 피부나 울긋불긋한 피부에 적합하다.

② **파랑(Blue)**
붉은 기의 피부를 중화시켜준다.

③ **분홍(Pink)**
창백한 피부에 혈색을 부여한다.

④ **노랑(Yellow)**
어두운 피부를 중화시켜준다.

⑤ **보라(Purple)**
노란 피부를 중화시켜준다.

⑥ **오렌지(Orange)**
햇볕에 그을린 피부 혹은 태닝 피부를 표현할 때 사용한다.

(2) 메이크업 베이스의 분류

① **리퀴드 타입 메이크업 베이스(Liquid Type Make-up Base)**
화장수, 유액의 유형으로 유분이 적게 함유되어 지성피부에 적합한 메이크업 베이스이다. 사용감은 가볍고 산뜻하며 중성피부와 지성피부에 적합하다. 여름철에 주로 사용하고 피부색상에 따라 메이크업 베이스 색상을 선택한다. 얼굴에 가볍게 두드려 바르며 지나치게 바르면 파운데이션이 밀리게 되므로 소량만 바르는 것이 좋다.

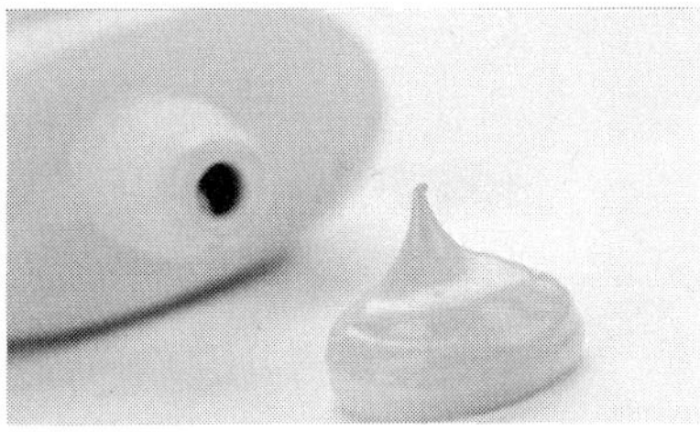

② **크림 타입 메이크업 베이스(Cream Type Make-Up Base)**
유·수분이 적당하게 함유되어 있어 대부분의 피부타입에 사용되며 특히 건성피부에 적합한 메이크업 베이스이다. 베이스의 커버 효과가 뛰어나고 색상이 있는 크림 타입 메이크업 베이스는 피부색 조절에 좋으므로 표현하고자 하는 피부색에 따라 다르게 활용할 수 있다.

③ 젤 타입 메이크업 베이스(Gel Type Make-Up Base)

땀과 피지 분비가 왕성한 여름철에 주로 활용되며 커버력이 부족하여 피부표면에 색감만을 부여할 경우 사용된다. 통기성이 좋고 피부 밀착력이 우수하여 답답한 느낌이 적은 메이크업 베이스이다.

2) 파운데이션(Foundation)

파운데이션은 색조화장에 앞서 피부의 결점과 잡티를 커버하고 얼굴색을 고르게 하기 위해 피부색상을 조절한다. 부착력, 커버력, 광택이 좋아야 하며 얼굴 톤의 차이에 따른 얼굴 윤곽수정과 색조화장을 더욱 돋보이게 해준다. 개인의 피부에 따른 적절한 파운데이션 선정을 위해서는 뺨과 턱의 경계 부분에 파운데이션을 펴 발라 자연스러운 색상을 선택하는 것이 효과적이며 커버력과 지속력, 피부 부담감의 정도와 계절, 피부타입, 화장품의 안전성 등을 고려해야한다. 파운데이션을 피부에 바를 때에는 대체로 손가락으로 두드려 바르는 패팅(Patting)과 미끄러지듯 바르는 슬라이딩(Sliding)의 방법을 사용하며 종류로는 리퀴드 파운데이션, 크림 파운데이션, 고형 크림 파운데이션, 케이크 파운데이션이 있다.

(1) 리퀴드 파운데이션(Liquid Foundation)

수분함량이 많아 건성피부에 적합하며 사용이 간편하고 번들거림이 없다. 자연스러운 커버력으로 투명한 피부를 연출할 수 있다. 하지만 지속력이 떨어지고 피부잡티 및 결점 커버력이 부족하다. 물에 안료가 균일하게 분산된 형태(O/W)로 낮은 안정성과 안료 침전의 우려가 있어 고분자 점증제가 첨가된다. 약 10%로 오일의 함량이 적으며 가벼운 사용감으로 젊은 연령층이 선호한다.

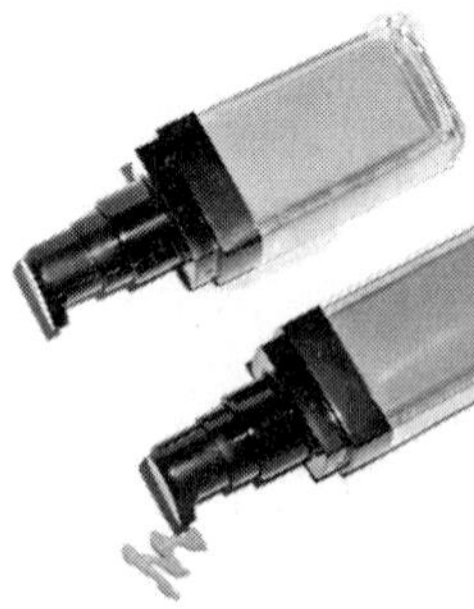

(2) 크림 파운데이션(Cream Foundation)

유분이 많이 함유되어 있어 일반적으로 모든 피부에 사용되지만 특히 건성피부에 적합하다. 커버력은 리퀴드 파운데이션보다 우수하며 윤기 있는 촉촉한 피부를 표현할 수 있다. 크림 파운데이션은 O/W형(오일과 안료가 물에 분산된 형태)과 W/O형(물과 안료가 오일에 분산된 형태)으로 나뉘며 O/W형 유화 파운데이션은 W/O형 유화 파운데이션에 비해 피부에 잘 흡착되어 땀이나 물에 잘 지워지지 않는다.

(3) 고형 크림 파운데이션(Solid Cream Foundation)

고체화 된 파운데이션으로 커버력이 우수하여 피부를 깨끗하게 표현할 수 있다. 하지만 피부가 두껍게 표현되기 쉬워 피부표현을 자연스럽게 연출하기 어려우므로 사용하기 어렵다. 대체로 무대용 메이크업에 활용되며 연고 형태와 스틱(Stick) 형태가 있다.

(4) 케이크 파운데이션(Cake Foundation)

액상의 파운데이션과 가루 형태의 파운데이션을 혼합한 것으로 파우더의 사용을 생략할 수 있으며 매끈한 피부표현이 가능하다. 또한 우수한 내수성으로 메이크업의 지속력을 오랫동안 유지할 수 있다.

① **파우더 파운데이션(Powder Foundation)**
파우더와 트윈케이크의 중간 형태로 친수성 안료에 오일을 분사한 후 고형으로 압축한 형태이다. 오일이 10~15% 함유되어 있어 가볍게 도포되며 사용이 간편하다. 또한 물을 흡수하면 건조되어 딱딱해진다.

② **트윈 케이크(Twin Cake)**
케이크의 형태로 친유성 안료에 오일을 분사하여 압축시킨 형태이다. '투웨이(Two-way-cake)'라 불리며 젖은 스펀지와 마른 스펀지 모두 사용할 수 있고 땀에 의해 쉽게 지워지지 않는다.

③ **스킨커버(Skin Cover)**
왁스 형태로 안료를 오일과 왁스에 고루 분산시킨 형태이다. 커버스틱(Cover stick)과 컨실러(Concealer)와 유사한 제형으로 다량의 안료가 함유되어 밀착력과 커버력이 우수하다. 왁스 및 오일이 50~60% 함유되어 있어 거칠게 도포되며 특수 분장이나 무대분장에 주로 활용된다.

3) 파우더(Powder)

파우더는 피부 톤을 조절하여 화사한 피부를 연출하기 위해 사용되며 화장의 지속력을 향상시켜준다. 또한 파운데이션의 유분기를 제거하여 땀과 피지에 화장이 지워지거나 번지는 것을 방지하며 화장의 지속성을 높이기 위해 사용한다. 파우더는 가루분(Loose Powder), 고형분(Compact Powder), 지백분(Paper Face Powder), 연백분(Kneaded Face Powder), 수백분(Liquid Face Powder)으로 구분되며 가루분은 분체원료를 주성분으로 탈크, 이산화티탄, 산화아연, 카올린, 착색안료, 광택안료가 있다. 고형분은 분체에 미량의 유분을 결합제로 압축한 것으로 계면활성제로 유동파라핀, 지방산 에스테르가 사용되며 지백분은 분체가 분산된 수용성 고분자 용액을 종이에 바르고 건조시켜 사용한다. 연백분은 다량의 이산화티탄의 분체를 유분과 혼합하여 제조되고 수백분은 글리세린 성분을 함유하고 있어 화장수에 분산하여 사용한다.

(1) 페이스 파우더(Face Powder)

페이스 파우더는 기초화장, 메이크업 베이스, 파운데이션, 페이스 파우더의 순으로 사용된다. 페이스 파우더는 피부의 유분기를 억제하여 보송하고 투명한 블루밍(Blooming)효과를 주며 밝고 자연스러운 피부 톤 연출에 효과적이다. 또한 유분이 거의 배합되지 않아 번들거림이 없으며 화장의 지속력을 향상시킨다. 페이스 파우더는 착색안료, 체질안료, 백색안료로만으로 구성되어 있으며 '탈크'는 퍼프(Puff)와 같은 화장도구를 사용했을 때 발림성과 퍼짐성을 좋게 하고 '타올린과 이산화티탄'의 배합은 피부의 유분을 억제하여 커버력을 증대시킨다. 스테아린산아연(Zinc stearate), 미리스틴산아연(Zinc myristate)의 배합은 피부 부착력에 영향을 주며 착색안료와 펄안료의 사용으로 피부 톤을 조절한다. 탄산칼슘(Calcium carbonate)의 배합은 땀과 피지를 흡수하지만 커버력이 떨어져 화장의 수정을 필요로 하며 지나친 사용은 오히려 건조한 느낌을 줄 수 있다. 또한 페이스 파우더의 제형입자가 지나치게 굵거나 강한 색조가 첨가되면 화장이 쉽게 들뜰 수 있어 유의해야 한다.

• 페이스파우더 성분과 특징 •

구성성분	특징
산화아연, 이산화티탄	효과적인 피부결점 커버
탈크	부드러운 감촉과 우수한 퍼짐
스테아린산, 마그네슘	부드럽게 발리는 감촉
카올린, 탄산마그네슘, 탄산칼슘	유·수분기의 흡수와 화장의 지속력 향상

(2) 콤팩트 파우더(Compact powder)

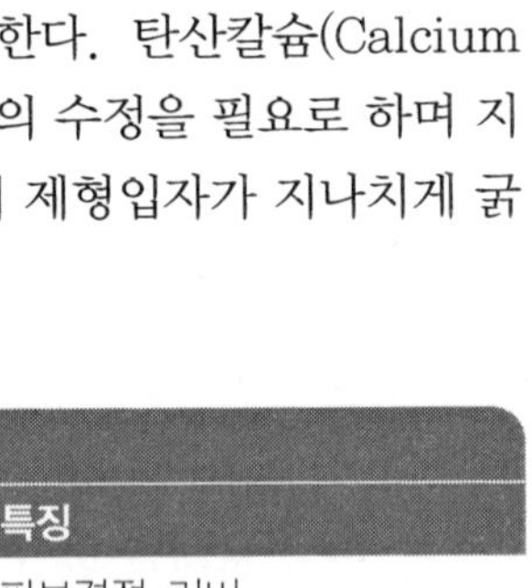

콤팩트 파우더는 페이스 파우더를 보완한 것으로 페이스 파우더와 기능이 유사하지만 가루날림이 적고 휴대가 간편하여 외부에서의 사용이 용이한 특징이 있다. 이는 기초화장, 메이크업 베이스, 파운데이션, 콤팩트 파우더의 순으로 이뤄지며 소량의 액체 상태에 약 5%의 유분을 분사하여 압력이 가해진 상태로 고형의 제형을 보인다. 하지만 화장의 수정이 어렵고 지속성이 떨어지며 페이스 파우더에 비해 두껍게 발리며 색상표현에 두께감이 있다.

4) 블러셔

(1) 블러셔(Blusher)

블러셔는 볼연지라 하여 건강하고 아름다운 얼굴색과 매력적인 분위기를 만들기 위해 볼에 사용하는 화장품을 말한다. 피부에 혈색을 주고 얼굴 윤곽에 음영을 주어 입체감을 표현하며 대체로 메이크업의 마무리 단계에 사용한다. 이는 사용하는 위치와 범위에 따라 얼굴의 결점을 보완할 수 있고 분홍, 빨강, 주황, 갈색 계열 등의 색상이 주로 사용되며 파운데이션과의 친화성이 있어 커버력, 광택, 부착성이 우수하고 제거가 쉬운 특징이 있다. 또한 페이스 파우더와 유사한 성분으로 이루어져 있으나 피복력이 작아 1~6%의 착색안료를 함유하고 있으며 착색안료가 많이 함유될수록 발색이 선명하게 나타나지만 커버력이 약하여 케이크 타입과 크림 타입을 중심으로 고형, 유액, 크림, 스틱 형태로 다양하게 제조되고 있다.

5) 립스틱

(1) 립스틱(Lipstick)

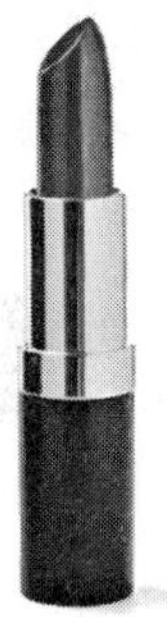

립스틱은 입술 화장에 사용되는 연지로 '루즈(Rouge)', '입술연지'라 하며 표현하고자 하는 색조의 발색을 목적으로 사용한다. 과거에는 홍화(紅花)의 집을 응고시켜 립스틱으로 사용하였으며 현재는 카민(Carmin), 에오신(Eosin), 합성색소 등을 사용하여 만들어진다. 이는 유분함량에 따라 글로스(Gloss), 매트(Matt)의 질감이 표현되며 좋은 립스틱은 균일하고 부드러운 발림성과 높은 지속력, 우수한 퍼짐성, 향, 깨끗한 외관, 그리고 입술에 자극이 없는 안전성의 요건을 충족시켜야 한다.

① 립스틱의 구성성분

립스틱의 구성성분인 색소는 안료(顔料)와 염료(染料)가 있으며 특히 카민, 에오신의 염료가 주로 사용되고 단독 또는 혼합으로 제조된다. 또한 립스틱의 우수한 발림성과 퍼짐성을 위해 유동 파라핀, 에스테르류, 피자마유, 스쿠알렌이 사용되며 밀랍, 세레신, 고형 파라핀, 켄델릴라왁스, 안료 분사제(계면활성제)를 원료로 립스틱의 고형을 오랫동안 유지시킬 수 있게 한다. 또한 립스틱의 보존성을 향상시키기 위해서 산화방지제와 향료가 사용되지만 알데히드, 케톤, 불포화화합물 중 자극과 알레르기를 유발할 수 있는 원료는 사용을 피해야 하며 색소와 향료의 알레르기 반응에 주의해야 한다.

② **립스틱의 종류**

㉠ 모이스처 립스틱(Moisture lipstick) : 모이스처 립스틱은 발색이 우수하고 건조한 입술에도 균일하게 분산되어 매끄러운 입술표현에 효과적이다. 일반적으로 많이 사용되는 립스틱으로 입술의 수분 증발을 억제하여 보습효과를 준다. 오일의 비율이 왁스와 색소 함량에 비해 매우 높기 때문에 끈적임 없이 촉촉한 사용이 가능하다.

㉡ 매트 립스틱(Matt lipstick) : 왁스의 밀착감을 높인 립스틱으로 사용에 번들거림이 없고 주로 젊은 연령층이 선호한다. 차분한 질감으로 두텁고 섹시한 분위기의 입술을 연출할 수 있다.

㉢ 롱라스팅 립스틱(Long lasting lipstick) : 잘 묻어나지 않는 립스틱으로 지속력이 뛰어나며 1990년대 초반에 개발되었다. 입술에 바를 경우 휘발성 원료가 제거되면서 얇은 고분자 피막이 형성되어 립스틱이 묻어나지 않게 된다. 이는 지속력을 향상시켜주지만 전용 클렌징 제품을 사용해야 하는 번거로움이 있고 입술이 쉽게 건조해질 수 있다.

(2) 립글로스(Lip gloss)

립글로스는 튜브타입, 브러시 내장형, 펜슬타입 등 다양한 형태가 있으며 입술에 광택을 주기 위해 사용한다. 립글로스는 잘 지워지고 끈적이는 질감으로 립스틱과 함께 사용할 수 있으며 입술의 보호와 광택효과를 동시에 나타낸다. 방부제와 타르색소는 립글로스의 주요 원료로 부틸파라벤(Butylparaben), 메틸파라벤(Matylparaben), 페녹시에탄올(Phenoxyethanol), 프로필파라벤(Propylparaben), 이소부틸파라벤(Isobutylparaben), 이소프로필파라벤(Isopropylparaben) 등의 방부제가 함유되며 타르색소는 소비자 기호에 따른 다양한 색소가 배합된다.

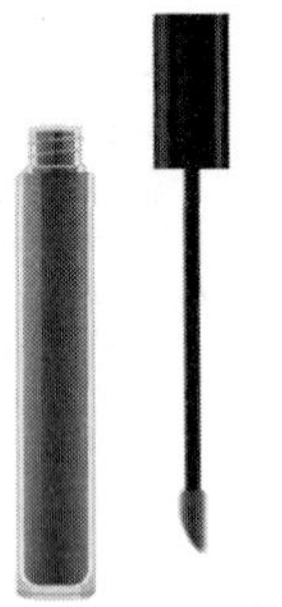

(3) 립 틴트(Lip Tint)

립 틴트는 립글로스와 같이 화장품 용기에 붓이 내장된 형태가 일반적이며 선명한 발색을 위해 사용하는 제품으로 색소가 입술에 스며들어 자연스러운 발색이 가능하다. 정제수, 사이클로페탄실록산, 옥틸도데칸올, 디프로필렌글라이콜, 글리세린, 피토스테릴, 이소스테아릴, 피닐트리메치콘, 황색산화철, 적색산화철 등으로 구성되며 최근에는 망고버터, 마카다미아씨 오일, 올리브 오일 등의 자연계 원료를 함유하여 보습력과 안전성을 강화시켜 제조되고 있다.

(4) 립밤(Lip balm)

립밤은 입술에 영양을 주어 손상된 입술의 통증을 완화시키거나 입술 탄력을 증진시키는 역할을 한다. 입술에 보호막을 형성하여 지질층을 보호하며 보습력을 높여주고 최근에는 다양한 자연계의 원료도 함유되고 있다.

• 립스틱의 특징 •

구분	사용목적	특징
립스틱	색조 발색	색소가 입술을 덮는 느낌으로 발색이 강하고 매트한 표현도 가능하다.
립글로스	입술 보호	입술보호의 기능이 있으며 생기 있고 도톰한 입술 표현이 가능하다.
립틴트	입술 보습	입술에 보습효과를 주며 색소가 입술에 스며들어 자유로운 발색이 가능하다.
립밤	영양공급	입술에 영양을 공급하며 입술 손상에 의한 통증을 완화시키고 입술을 보호한다.

6) 메이크업 픽서티브(Make-up Fixative)

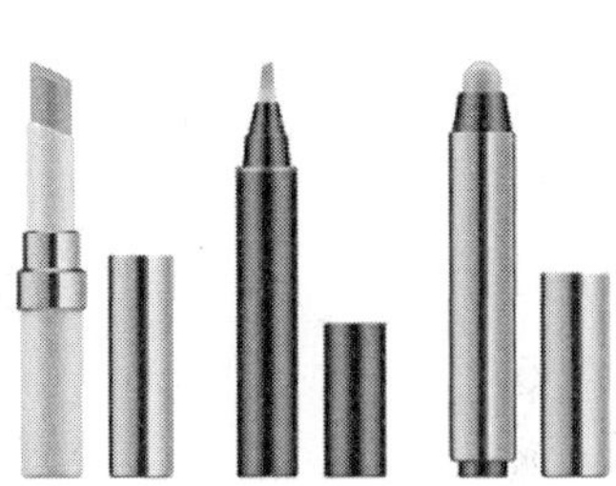

화장을 오랫동안 지속시키기 위한 제품으로 보통 화장의 마무리 단계에서 사용한다. 정제수, 에칠헥실메톡시신나메이트, 에칠헥실살리실레이트, 티타늄디옥사이드, 부틸렌글라이콜, 낫토검, 트리에탄올아민폴리소르베이트80, 만난, 세테릴알코올, 프로필라벤, 소듐폴리아크릴메이트, 페녹시에탄올 등이 주요 원료로 이 외에 블루베리 추출물, 산딸기 추출물, 쌀발효 여과물, 망고시드버터, 아사이베리 추출물 등 모공을 수축시키고 매끈한 피부를 위한 다양한 원료가 함유된다. 특히 온천수와 오일성분은 피부 보습효과가 있어 장시간 촉촉한 피부를 유지하게 해준다.

픽서티브 마스카라는 번짐을 막고 속눈썹과의 밀착성을 높여 속눈썹 컬을 더욱 올려주며 픽서티브 아이라이너는 진한 발색을 오랫동안 유지하기 위해 사용한다. 픽서티브 파운데이션은 폴리머 성분이 첨가되어 피부 밀착력을 높여 깔끔하고 화사한 피부표현에 효과적이다. 픽서티브 폴리머는 피부에 얇은 막을 형성하여 피부보습에 효과적이며 얇게 발라도 커버력이 우수하며 기초화장에 대한 부담을 줄일 수 있다.

CHAPTER 7

눈 화장용 화장품

CHAPTER

07 눈 화장용 화장품

① 눈 화장용 화장품의 원료

눈 화장용 화장품은 눈 주위에 사용하는 화장품으로 눈매를 또렷하게 연출하고 눈을 확실하게 나타내기 위해 사용한다. 아이브로펜슬, 아이라이너, 아이섀도, 마스카라가 있으며 점막 부위에 자극을 일으키지 않고 안전하고 부드러운 질감을 동반해야 한다. 눈 화장용 화장품은 유지, 왁스류, 지방산, 고급알코올, 지방산에스테르, 탄화수소, 계면활성제, 금속비누, 고분자화합물, 무기점증제, 휘발성 오일, 다가알코올, 무기분체, 물, 유기계착색료, 무기계착색료, 펄 안료, 라메가 제형에 따라 배합되어 구성된다.

▶ **아이브로 펜슬**

안료를 기름에 분산한 고형 화장품을 말한다. 주로 카본 블랙을 안료로서 사용하며 피마자유, 라놀린, 밀랍, 카르나우바납 등 뜬숯 상태의 것을 섞어 기름 속에 분산하여 고형화한 제품이다. 이는 안료, 왁스, 오일의 성분을 포함하므로 저온에서 장시간 보관할 시 뿌옇게 변하는 발분현상을 야기할 수 있다.

▶ **아이라이너**

아크릴레이트코폴리머, 정제수, 흑색산화철, 글리세린, 피브이피, 폴리소베이트 80, 메틸파라벤, 알란토인, 판테놀, 에탄올, 잔탄검, 하이드록시에칠셀룰로우스 등으로 구성되며 최근에는 흑미 추출물, 검은깨 추출물, 검정콩 추출물, 블루베리 추출물 등의 자연계 원료가 함유되고 있다.

▶ **아이섀도**

바셀린, 라놀린 등을 혼합한 크림에 향료와 유기색소가 첨가된 제품을 말하며 60~80%의 유지성분으로 되어있다. 이는 동물성 유지, 왁스, 바셀린, 유동 파라핀, 표면활성제 등으로 착색료는 20~40%를 차지하고 소량의 향료 및 산화방지제로 구성된다. 아이섀도의 제조는 착색료가 함유된 가열된 유지 원료를 균일하게 분산 혼합하여 이를 냉각시키며 섞어주는데 이때, 혼합물이 페이스트 상태에 이르면 향료와 산화방지제를 더하여 착색료의 얼룩이 사라질 때까지 롤러로 문질러준다.

▶ **마스카라**

마스카라는 종류에 따라 특정 원료가 첨가되며 워터 프루프(Water proof) 마스카라는 휘발성 용매를 사용하여 여름철 마스카라 번짐을 막고 오랫동안 유지할 수 있게 한다. 롱래시(Long lashes) 마스카라는 짧은 합성 섬유를 소량 첨가하여 섬유질에 의해 길고 풍성한 속눈썹을 연출할 수 있게 한다.

② 눈 화장용 화장품의 분류

1) 아이브로 펜슬(Eyebrow Pencil)

예부터 눈썹을 그릴 때 목탄을 사용하였는데 이에 아이브로펜슬을 '눈썹 먹'이라 부르기도 한다. 아이브로 펜슬은 얼굴형과 이미지에 적합한 형태로 눈썹 모양을 그리고 색을 조정하여 전체적인 메이크업을 돋보이게 할 수 있는 눈 화장용 화장품이다. 눈썹은 얼굴 표정에 영향을 주는 것으로 중요하게 여겨졌으며 일반적 색상인 흑갈색 외에 흑색, 회색, 옅은 색 등 다양한 색상이 사용되고 있다. 또한 연필타입 외에도 섀도타입, 샤프타입, 케이크타입의 형태가 있으며 연필타입은 깎아서 사용하여 자연스러운 눈썹으로 표현된다. 섀도타입은 브러시를 사용하여 원하는 색상으로 연출할 수 있으며 샤프타입은 깎아서 사용하는 연필타입을 보완한 실용적 제형의 화장품이다. 또한 케이크 타입은 다루기 어려우며 지속성이 떨어진다.

2) 아이라이너(Eye Liner)

아이라이너는 눈의 윤곽을 또렷하게 하여 눈매를 연출하는 눈 화장용 화장품으로 펜슬 타입(Pencil Type), 케이크 타입(Cake Type), 크림 타입(Cream Type), 리퀴드 타입(Liquid Type)

이 있으며 리퀴드 타입은 가늘고 선명한 아이라인 표현에 효과적이다. 펜슬타입은 사용이 편리하고 자연스러운 표현이 가능하며 케이크 타입은 고체 상태로 딱딱하며 부착성이 우수한 것이 특징이다. 특히 리퀴드 타입 아이라이너는 깨끗한 아이라인을 그릴 수 있는 높은 점성의 액상타입으로 점토광물(Magnesium aluminium)이 배합되기도 하며 유성, 유화형, 현탁형, 용제형으로 나뉜다.

유성의 리퀴드 아이라이너는 휘발성 용제가 배합되어 피부 부착성이 우수하지만 잘 지워지지 않아 유성 제거 용액을 필요로 한다. 유화형과 수성 현탁형의 리퀴드 아이라이너는 수분이 함유되어 있어 가볍고 촉촉하지만 내수성이 약한 것이 특징이며 고대 이집트와 메소포타미아 지방에서 피부보호의 목적으로 사용되었으며 오늘날 갈색, 검정 외에 다양한 색이 있다.

3) 아이섀도(Eye Shadow)

아이섀도는 눈꺼풀에 색과 입체감을 주어 눈의 단점을 수정하고 눈매를 돋보이게 한다. 아이섀도의 색상은 다양하며 의상이나 전체적인 화장색조에 맞추어 사용되고 있다. 아이섀도의 사용은 영화와 연극에서의 필수적 사용을 시작으로 일반인에게 대중화되어 오늘날과 같이 사용되고 있는데, 이는 휴대가 편리하고 원하는 분위기의 연출이 가능하기 때문이다. 오늘날 아이섀도는 케이크 타입, 크림 타입, 펜슬 타입의 유형으로 사용되고 있으며 케이크 타입 아이섀도는 일반적 형태로 다양한 색상과 우수한 밀착력, 편리한 휴대가 특징이다. 크림 타입 아이섀도는 무대분장에 사용하는 발색이 강한 아이섀도이며 펜슬 타입 아이섀도는 간단한 화장에 효과적이고 산화철, 황산화철, 흑산화철, 군청, 감청, 산화크롬, 운모티탄 등의 안료로 구성되어 있다.

4) 마스카라(Mascara)

마스카라는 분말 타입의 고체형과 액상 타입의 유성형 제품이 있으며 속눈썹 컬링효과를 위한 마스카라, 속눈썹을 길게 하기 위한 마스카라, 속눈썹을 풍성하게 보이도록 하는 마스카라 등 다양한 목적에 따라 마스카라가 제조되고 있다. 또한 검정 외에도 무색과 다양한 색상의 마스카라가 제조되고 있다.

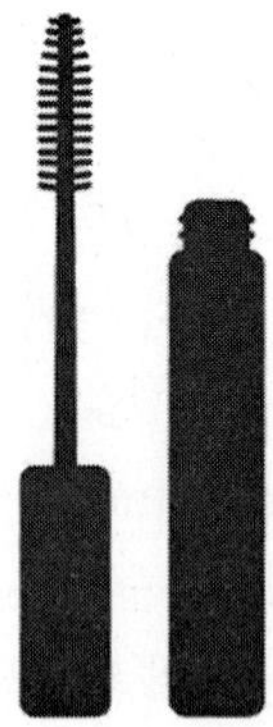

고체형태인 고형 마스카라는 유성계 마스카라로 분말이나 연필타입으로 되어있으며 안료를 오일과 활성제로 응집시켜 고체화한 것으로 물에 용해되지만 지속력은 떨어진다.

액상형태의 마스카라 제형은 용제타입의 유성계와 수용성 고분자타입, 에멀젼타입, 에멀젼 수지 타입, 에멀젼·에멀젼 수지 복합타입이 있다. 유성계 마스카라는 방수효과가 있으며 수용성 고분자타입은 수분의 함유와 촉촉한 감촉으로 인해 사용감이 매끄럽고 자연스러운 속눈썹 연출이 가능하나 지속성이 길지 못하다. 에멀젼 타입 마스카라는 유화분산 과정을 통해 제조되어 매끄러운 사용감이 특징이다. 에멀젼 수지타입 역시 부드러운 사용감이 특징이며 수성의 에멀젼 폴리머가 배합되어 촉촉하다. 에멀젼·에멀젼 수지 복합 타입은 에멀젼 타입과 에멀젼 수지타입의 혼합으로 가장 일반적으로 많이 사용되고 있는 마스카라 제형이다.

CHAPTER 8

두발용 화장품

실용화장품학

CHAPTER

08 두발용 화장품

① 모발의 이해

모발은 단백질을 주성분으로 하며 두피 아랫부분에 위치한 모근부(Hair root)와 두피 위쪽으로 드러난 모간부(Hair shaft)로 이루어져 있다. 모근부는 피부 내(內)에 위치하며 모낭(Hair follicle), 모구(Hair bulb), 모유두(Hair papilla), 피지선(Sebaceous gland), 입모근(Arrector pili muscle) 등이 있으며 모간부는 두피 바깥의 부분으로 모표피(Cuticle), 모피질(Cortex), 모수질(Medulla)의 층으로 구성되어 있고 모근과 이어져 있다.

1) 모발의 구조

(1) 모근부의 구조

① 모근(Hair root)

모발 생장에 관여하는 부분으로 멜라노사이트(Melanocyte)와 각질형성세포 케라티노사이트(Keratinocyte)가 합성하며 각질층으로 상승하면서 수분이 탈수되고 딱딱한 각질을 형성한다.

② 모낭(Folicles)

모근을 감싸는 내·외층의 피막으로 피하조직까지 자루모양으로 모구부를 감싸고 있으며 모발은 모낭 안에서 성장한다. 내모근소와 외모근소, 모유두, 기모근, 피비선, 한선 등으로 이루어져 표피층과 연결되어 있다.

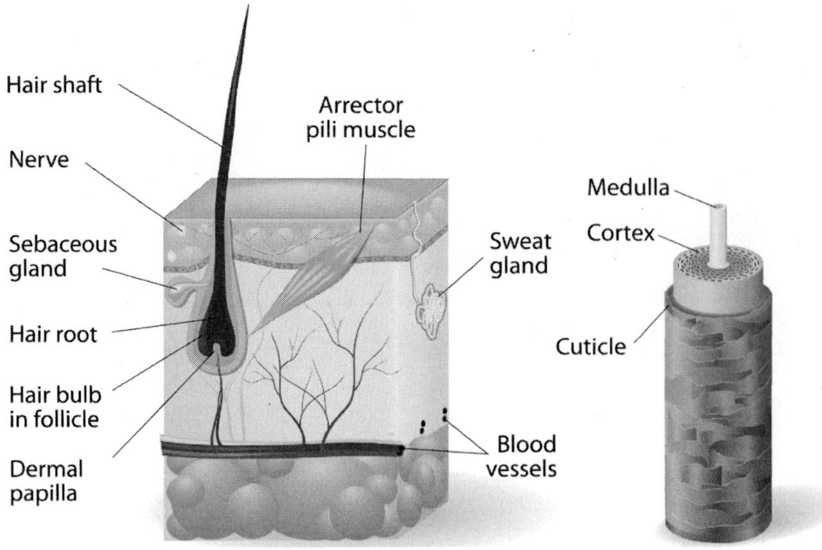

③ **모유두(Papilla)**

진피층에 있으며 표면이 모모세포로 덮여있고 모세혈관과 자율신경이 분포되어 있다. 아미노산, 미네랄, 바이타민 등의 영양소 및 단백질 합성 효소, 호르몬 등 산소 공급에 의해 모발 생장에 관여한다.

④ **모모세포(Germinal Matrix)**

왕성한 세포분열로 분열과 증식을 거듭하여 모발을 형성한다.

⑤ **색소세포(Pigment Cell)**

모발 구조에 있어서 멜라닌색소세포(Melanocyte)를 말하며 모모세포에 붙어 있는 멜라노사이트에서 멜라닌을 생성한다. 흑색은 멜라닌, 적색과 황색은 카로티노이드류, 백색은 구아니립 등의 색소세포의 형성으로 나타난다.

⑥ **입모근**

교감신경의 지배를 받으며 피부에 소름을 돋게 하는 근육을 말한다. 진피의 표피에 접하는 유두부에서 모낭에 달하는 평활근을 말한다.

⑦ **피지선(Sebaceous Gland)**

손과 발바닥을 제외한 거의 모든 신체 부위에 크기, 형태, 분포도 면에 따라 수의 차이가 나타난다. 특히 얼굴, 가슴, 등, 겨드랑이, 음낭 부위에 많이 분포하고 있다.

⑧ **자율신경(Autonomic nerve)**

호흡, 순환, 대사, 체온, 소화, 분비, 생식 등의 생명활동을 기본으로 하는 항상성(Homeostasis)을 유지하는 중요한 역할을 한다.

⑨ **모세혈관(Capillary)**

동맥과 정맥의 사이를 연결해주고 주변 조직과 산소, 영양분 및 물질 교환을 담당하는 혈관을 말한다.

(2) 모간부의 구조

모간부(Hair shaft)는 미용시술이 이뤄지는 부분으로 머리카락 부분을 말한다. 각화된 단백질(Keratin)로 구성된 모발을 단면으로 잘라 현미경으로 확대했을 때 바깥층에서부터 모표피(Cuticle), 모피질(Cortex), 모수질(Medulla)의 세 층을 관찰할 수 있다.

① **모표피(Hair cuticle)**

모발의 가장 바깥층으로 케라틴(Keratin)이라는 경단백질로 구성되어있는 5~15층의 투명하고 얇은 세포이며 문리라 하는 특유의 모양을 하고 있다. 친유성 성질로 물, 약제의 침투와 작용에 대한 저항력으로 모피질을 보호한다.

② **모피질((Hair cortex)**

멜라닌색소가 존재하며 세포의 핵 중앙은 핵의 잔사와 거대섬유(Macro Fibril), 간층물질(Matrix)로 구성되어 있으며 친수성이다. 섬유모양으로 전체 부피의 85~90%를 차지하며 모발 강도와 탄력, 질감, 감촉, 색상 등과 관련이 있고 다수의 피브릴(Fibril, 거대섬유)이 세로로 집합하여 하나의 묶음인 피브릴속(束)이 될 때 이를 모피질이라 한다.

③ **모수질(Hair medula)**

모발의 중심부로 속이 비어있고 죽어있는 세포들이 쌓여 있다. 죽은 세포들은 벌집 모양을 한 공포(空胞)의 모양이며 공기를 많이 포함할수록 모발에 윤이 난다.

2) 모발의 생리

(1) 모발의 성장

모발의 성장은 각각의 독립된 모낭 주기를 통해 지속적인 모발의 성장과 탈락이 반복되는 것을 말하며 활동단계의 성장기(Anagen), 과도기적 활동단계인 퇴행기(Catagen), 휴식단계인 휴지기(Telogen)의 단계를 반복한다. 모발은 하루에 약 0.3~0.4mm 정도 자라고 한 달에 1~2cm, 1년에 12~15cm 정도 성장한다. 그러나 휴지기가 빨라지거나 모발의 성장주기에 변화가 생길 경우 모발의 탈락이 일어나며 이를 탈모라 한다.

① **성장기(Anagen)**
모모세포가 활발히 활동하면서 새로운 모발이 자라나는 시기로 세포분열이 왕성하게 일어난다.

② **퇴행기(Catagen)**
느린 대사과정으로 모발 성장이 느려지는 시기이며 세포분열이 정지되는 과도기이다. 기간은 약 2~3주로 전체 모발의 약 1%를 차지한다.

③ **휴지기(Telogen)**
퇴행기 이후 모발의 성장이 멈춰버리는 기간을 말하며 새로운 모발이 모낭에서 발생하여 휴지기의 모발을 밖으로 밀어낸다. 휴지기의 기간은 약 3~4개월로 전체 모발의 약 11%를 차지한다.

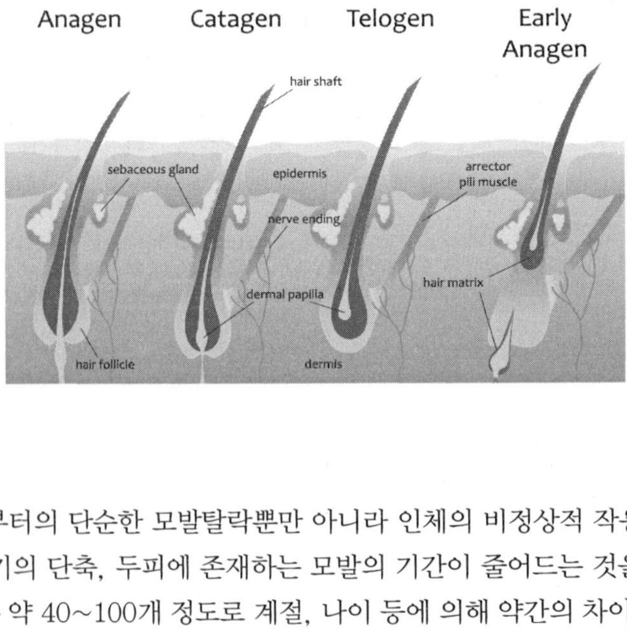

(2) 탈모

탈모는 두피로부터의 단순한 모발탈락뿐만 아니라 인체의 비정상적 작용으로 인한 모발 굵기의 후퇴, 성장주기의 단축, 두피에 존재하는 모발의 기간이 줄어드는 것을 말한다. 정상적인 모발의 탈모의 양은 약 40~100개 정도로 계절, 나이 등에 의해 약간의 차이가 있으나 1일 탈모의 양이 100개 이상이 될 경우 자연탈모라 하고 인체 이상변화와 외부적 요인으로 인해 1일 탈모의 양이 100~200개 정도로 모발 전체의 이상탈락 현상을 이상탈모라 한다.

3) 모발의 성질

(1) 팽윤과 흡수

모발은 pH에 따라 성질이 달라지며 건강한 모발의 pH는 pH 4 부근에서 중성이 된다. 모발이 중성이 되는 pH를 '등전점(Isoelectric point)'이라 하고 모발이 등전점 상태일 때 모발 큐티클은 닫혀있고 안정된 상태라 한다.

모발에 알칼리 성질이 가해질 때, 모발의 단백질이 음이온성을 띠게 되며 모발 큐티클층은 전기적 성질로 음이온에 반발되어 '팽윤'현상이 일어난다. 또한 모발에 강산성 성질이 가해지면 모발의 단백질은 양이온성을 띠게 되며 양이온에 반발되어 모발 큐티클층은 벌어진다. 이때 강산성 물질의 분자가 모발 내부로 쉽게 침투하며 팽윤현상이 일어난다.

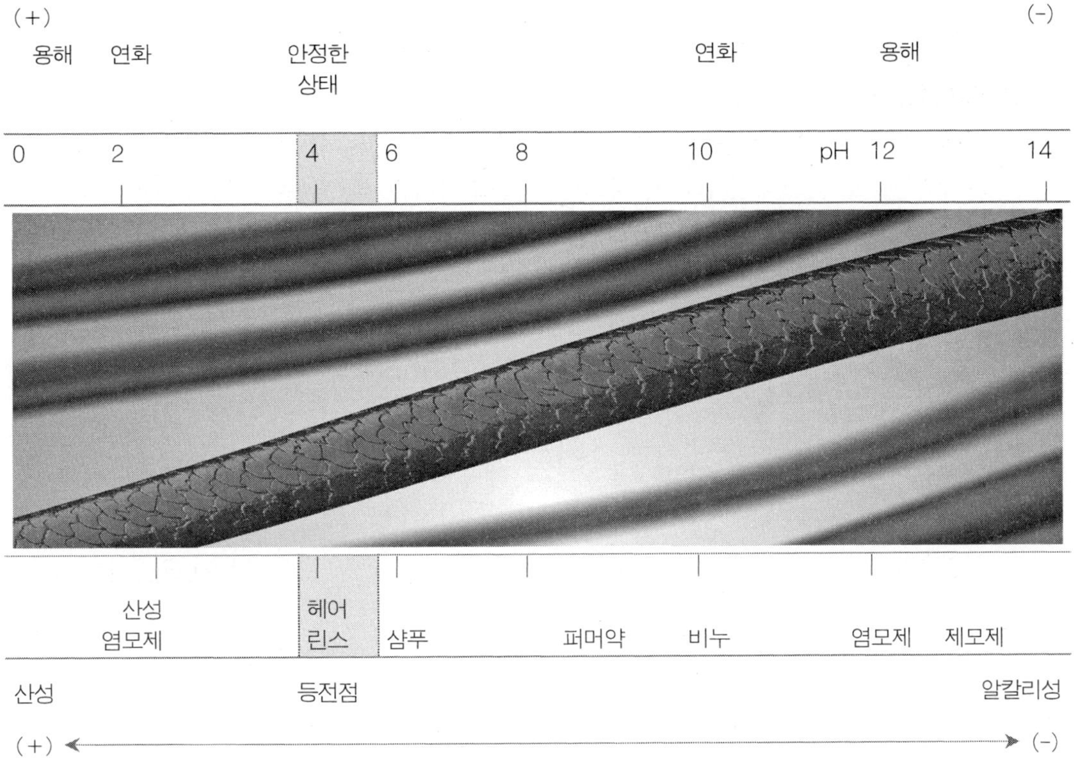

(2) 모발의 시스틴결합

① **퍼머넌트 웨이브(Permanent Wave)**

고대 이집트 여성들은 진흙을 바른 모발을 둥근 막대기에 말아 태양열로 건조시켜 웨이브(Wave)를 만들었고 이는 알칼리성인 진흙과 열의 원리를 활용한 퍼머넌트의 기원이 된다. 이후 1905년 영국의 찰스 네슬러(Charles Nestler)는 전기를 이용해 가열하는 '열 퍼머'를 개발하였으며 1936년 영국의 스피크먼(Speakman)은 아황산수소나트륨(Sodium Hydrogen Sulfite, $NaHSO_3$)을 사용하여 열을 필요로 하지 않는 웨이브 형성 방법을 개발하였다. 이는 '콜드웨이브 로션'의 시초이며 1941년 미국의 맥도너(McDonough)가 티오글리콜산을 이용하여 오늘날의 퍼머넌트 웨이브제와 유사한 웨이브제를 만들었다. 1950년에는 시스테인을 주성분으로 퍼머넌트웨이브 로션이 개발되었으며 현재 퍼머넌트웨이브 로션은 티오글리콜산형(Thioglycolic Type)과 시스테인형(Cysteine Type)으로 구분된다.

② **환원작용과 산화작용**

환원(Reduction)작용은 어떤 물질에 산소를 유출시키거나 수소를 결합시키는 반응을 말하며 환원의 기능을 하는 물질을 '환원제'라 한다.

산화(Oxidation)작용은 어떤 물질에 수소를 유출시키거나 산소를 결합시키는 반응을 말하며 산화의 기능을 하는 물질을 '산화제'라 한다.

③ **퍼머넌트웨이브의 작용원리**

퍼머넌트웨이브(Permanent wave)는 황결합인 시스틴결합에 의해 발생하며 제1제의 화학작용으로 시스테인(환원된 시스틴)이 수소와 만나 물(H_2O)이 되고 다시 시스틴 재결합이 일어난다. 재결합 후에 자리에 위치한 케라틴을 정착시키는 중화과정을 통해 컬(Curl)을 고정시킨다.

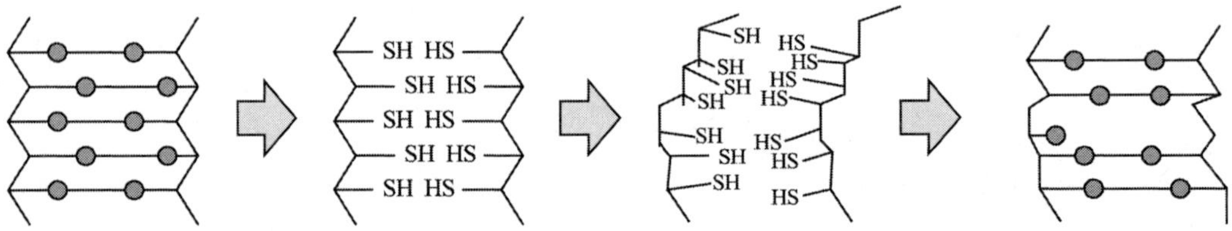

퍼머넌트웨이브제의 작용원리

② 두발용 화장품의 분류

1) 헤어트리트먼트(Hair Treatment)

모발은 펌, 염색과 같은 미용시술 등 화학적 요인에 의해 모발 손상이 일어나거나 샴푸를 매우 거칠게 하여 마찰을 과하게 주거나 빗질, 블로우 드라이 등의 스타일링에 의해 물리적 손상을 입게 된다. 헤어트리트먼트는 이러한 모발 손상을 방지하고 손상된 모발을 복구하는 목적의 모발 트리트먼트용 화장품을 말한다. 모발 트리트먼트용 화장품에는 헤어트리트먼트(크림), 헤어 팩, 헤어 블로우, 헤어 코트가 있다.

헤어트리트먼트는 치료를 뜻하는 '트리트먼트(Treatment)'에서 비롯되어 손상된 모발을 복구함을 의미한다. 모발의 유분을 공급제로 사용하며 유분, 양이온성 계면활성제, 단백질, 폴리펩티드, 아미노산, 그 외의 보습제 등으로 구성되어 있고 일반적으로 유액상이나 크림상으로 사용된다. 헤어트리트먼트는 린스와 달리 모발 보호성분들을 모발 내부에 투입시켜 손상된 모발을 회복시켜주는 기능을 하는데 헤어린스는 모발 표면에 양이온성 계면활성제와 유분의 흡착으로 모발에 정전기 억제와 윤기를 부여한다.

① **헤어컨디셔너(Hair Conditioner)**
유분, 양이온성 계면활성제, 단백질, 폴리펩티드, 아미노산, 자외선 차단제 등으로 구성되어 있으며 대부분 크림(유화형) 타입으로 손상된 모발에 영양을 공급한다. 유화형태에 따라 O/W형, W/O형으로 나뉜다.

② **헤어 팩(Hair Pack)**
모발의 손질과 손상모 회복을 위해 사용하며 대부분 씻어내는 타입으로 다량의 컨디셔닝 성분을 함유하고 있다.

③ **헤어 블로우(Hair Blow)**
펌프식 스프레이로 분무하고 컨디셔닝과 스타일링을 더한 효과로 드라이의 열이나 빗에 의한 마찰로부터 모발을 보호하기 위해 사용한다.

④ **헤어코트(Hair Coat)**
잦은 펌(Perm), 물리적 모발 손질에 의해 끝이 갈라진 모발과 건조되고 손상된 모발의 회복을 위해 사용한다.

2) 헤어 토닉(Hair Tonic)

헤어토닉은 살균력이 있어 모발과 두피에 청결함을 유지하고 시원함과 상쾌한 느낌을 준다. 두피 마사지를 통한 혈액 순환과 비듬 제거로 모근을 관리하며 에탄올, 보습제, 유분으로 구성되어 있다. 특히 혈액의 순환은 탈모를 예방하고 모발 성장을 촉진하는 역할을 한다. 남성 탈모에는 에스트로겐(Estrogen)을 활용하며 남성호르몬의 작용을 억제하여 발모효과를 준다. 또한 미녹시딜(Minoxidil)은 탈모증 치료제로 사용되며 모세혈관 확장으로 혈액순환을 촉진하여 발모를 도와준다.

헤어토닉에 함유되어 있는 에탄올은 약 50~80%로 멘톨과 함께 사용될 경우 청량감을 주고 살균 및 소독 작용을 하며 보습제는 두피 염증을 완화시키고 두피가 건조해지는 것을 막아 모발에 보습 및 유연효과를 준다. 유분은 모발을 보호하고 염증을 완화시키는 역할을 한다.

3) 헤어 그루밍 에이드(hair grooming aids)

헤어 그루밍 에이드는 탈모예방을 위한 화장품으로 크게 모발의 성장을 촉진하는 육모제와 탈모치료를 위한 발모제가 있다. 육모제는 두피 혈액순환을 촉진하고 모발 성장을 촉진시키는 역할을 하며 발모제는 원형탈모증과 같은 남성용 탈모치료에 효과적인 의약품이다.

4) 스타일링제(Styling)

스타일링제는 '정발제'라 하며 모발을 원하는 형태로 만드는 스타일링(styling)의 기능과 모발의 형태를 고정시켜 주는 세팅(setting)의 역할을 한다.

▶ **스타일링 제품의 제형과 종류**

- 유성타입 : 헤어오일(Hair Oil), 포마드(Pomade)
- 유화타입 : 헤어로션(Hair Lotion), 헤어크림(Hair Cream)
- 고분자피막타입 : 헤어스프레이(Hair Spray), 헤어무스(Hair Mousse), 세트로션(Set Lotion), 헤어젤(Hair Gel)
- 액체타입 : 헤어리퀴드(Hair Liquid)

(1) 헤어오일(Hair Oil)

헤어오일은 모발에 유분을 공급하여 광택을 주고 모발에 유연성을 유지시키는 역할을 한다. 우리나라는 예부터 동백기름을 헤어오일로 여성들의 정발에 주로 사용하였다. 헤어오일은 점성이 적은 유성성분의 배합과 동백기름이나 올리브유 등 식물성 유성성분이 주로 배합되거나 유동파라핀, 광물유 등이 배합되는 경우가 있다.

(2) 포마드(Pomade)

포마드는 모발에 광택을 부여하고 단정한 헤어스타일링 연출에 도움을 주는 남성용 정발제이다.

이는 식물성과 광물성으로 나뉘며 '식물성 포마드'는 피마자와 올리브를 주성분으로 배합하여 만들어진 반투명 물질로 점착성과 퍼짐성이 우수하여 굵고 딱딱한 모발에 적합하다. '광물성 포마드'는 광물유인 바셀린과 유동 파라핀을 주성분으로 배합한 것으로 끈적임이 없고 산뜻한 느낌을 주며 가늘고 부드러운 모발에 적합하다.

(3) 헤어크림(Hair Cream)

헤어크림은 '헤어로션(Hair Lotion)'이라 하여 물과 유분을 유화시킨 제품을 말한다. 모발에 보습과 광택을 부여하는 효과가 있다.

특히 '세트로션(Set Lotion)'은 주로 퍼머넌트 웨이브 후 웨이브의 유지를 위해 사용하며 미용 세트기술의 시술에 주로 사용된다. 특히 핀컬 웨이브, 핑거 웨이브에 주로 사용하며 액상이나 젤 상태의 정발제는 영양 효과보다는 일정한 웨이브의 유지를 위해 사용한다.

(4) 헤어무스(Hair Mousse)

헤어무스는 원하는 두발의 형태를 만들거나 자연스러운 두발을 연출하고 유지시킬 때 사용한다. 용도에 따라 세팅(Setting)을 위한 타입, 트리트먼트를 위한 타입, 촉촉함과 광택을 주는 타입이 있다.

(5) 헤어스프레이(Hair Spray)

헤어스프레이는 스타일링의 마무리용 정발제로 사용되며 모발 위에 내용물을 분무하거나 건조 후에 수지의 얇은 막을 형성하여 두발의 형태를 고정시키기도 한다. 이는 모발의 형태를 유지시키면서 모발에 윤기를 부여하는 효과가 있다.

(6) 헤어 젤(Hair Gel)

헤어젤은 정제수에 수용성 고분자를 용해시킨 투명한 정발제로 촉촉하고 자연스러운 스타일링 연출에 효과적이다.

5) 샴푸, 린스(Shampoo, Rinse)

샴푸와 린스는 모발의 청결을 위한 세정용 제품으로 두피 또는 모발에 부착된 오염물(기름, 먼지, 노폐물)을 제거하여 청결한 상태로 유지하기 위해 사용한다.

(1) 샴푸(Shampoo)

모발 및 두피의 세정을 통해 비듬이나 가려움을 덜어주어 모발과 두피의 건강을 유지시키기 위한 목적으로 사용한다. 적절한 세정력을 가지며 거품이 풍부하고 지속적이다. 샴푸의 주요성분은 세정제, 계면활성제를 중심으로 제조되며 세정제는 음이온성 계면활성제로 기포 형성 및 세정력이 우수하고 양쪽성 계면활성제는 피부나 눈의 점막 자극이 적어 저자극성과 베이비용 샴푸에 사용되며 부드러운 거품과 쉽게 꺼지지 않는다. 이는 사용의 편리함과 사용 후 상쾌함을 주며 기포력이 높은 것이 좋다. 저자극성 샴푸와 베이비 샴푸는 계면활성제의 종류에 따라 달라지며 건성, 중성 지성, 손상용, 염색용, 비듬용으로 나뉜다.

① **지성모발용 샴푸**

피지 분비의 조절과 두피 지성화를 완화시킨다.

② **건성모발용 샴푸**

모발에 영양을 공급하며 모발의 노화를 방지한다.

③ **비듬방지용 샴푸**

각질과 비듬을 제거하고 향균 및 항염 효과가 있다.

④ **탈모방지 샴푸**

혈액순환 장애, 두피의 피지 과다분비, 영양 부족의 탈모 원인을 완화시켜 모발 성장을 촉진한다.

⑤ **염색모발용 샴푸**

모발은 자외선과 여러 가지 요소에 의한 산화작용으로 퇴색되는데, 이에 따른 퇴색을 방지하고 모발의 색상을 유지 및 보호한다.

⑥ **손상모발용 샴푸**

탄력성의 증진과 다공성 모발의 완화를 위한 영양을 첨가한다.

⑦ **산성밸런스용 샴푸**

pH 5~6 정도의 약산성 샴푸로 저자극성이며 팽윤된 모발을 수축하여 손상을 막는다.

⑧ **칼라샴푸**

인공색소를 함유한 샴푸로 모발에 일시적인 색소 흡착의 원리를 바탕으로 한다.

(2) 헤어린스(hair rinse)

모발의 유분을 공급하여 모발의 유연성과 자연스러운 윤기를 부여한다. 린스는 모발의 표면을 매끄럽게 하여 빗질을 좋게 하고 모발표면을 보호하며 정전기 방지의 기능이 있다. 또한 양이온성 계면활성제가 주성분으로 첨가제로는 컨디셔닝제, 점증제, 보습제, 금속이온 봉쇄제, 착색제, pH 조절제, 착향제 등이 있다.

① **산성린스**
샴푸가 대중화되기 전에 사용되었으며 퍼머넌트 웨이브제 처리 후 알칼리 성분의 중화 혹은 염색, 블리치의 시술 후에 사용된다.

② **오일린스**
성분에는 차이가 없으나 제형에 차이가 있다.

③ **비듬방지린스**
비듬방지 성분을 배합한 기능성 린스이다.

(3) 헤어 리퀴드(hair liquid)

모발성분을 용해한 에탄올 수용액으로 산뜻하고 끈적임이 없어 물에 의해 쉽게 세발된다. 또한 점착성을 지닌 보습제인 합성 폴리에테르유를 에탄올 용액에 투명하게 용해시킨 것으로 다음의 구비요건을 따른다.

① 원하는 머리 모양이 오랫동안 유지될 수 있도록 지속성이 좋을 것
② 끈적거림이 없으면서 사용할 때 편리할 것
③ 쉽게 세정이 가능할 것
④ 모발에 적절한 광택과 부드러움을 부여할 것

CHAPTER 08

6) 퍼머넌트 웨이브제(Permanent Wave)

퍼머넌트 웨이브제는 1제와 2제로 구성되며 1제는 환원제(Reductant)라 하고 2제는 산화제(Oxidant) 혹은 중화제(Neutralizer)라 한다.

1제의 성분은 티오글리콜산이며 이는 함량에 따라 웨이브의 강약을 조절할 수 있으며 티오글리콜산은 구리, 철 등의 금속이온과 반응하여 용액의 색상을 변질시키고 환원력을 감소시켜 정제수와 다른 성분을 필요로 한다. 또 다른 성분인 시스테인은 티오글리콜산에 비해 모발 손상과 냄새가 적은 이점이 있지만 웨이브 형성의 효과가 20~30% 정도 약하게 형성된다.

(1) 퍼머넌트 웨이브제의 주요성분

- **환원제**
  - 티오글리콜산
  - 시스테인
- **알칼리제**
  - 암모니아
  - 모노에탄올아민
- **금속이온봉쇄제**
  - 디소듐이디티에이

① **티오글리콜산(Thioglycollic acid)**
환원력이 강하고 비용이 저렴하지만 피부자극이 있고 냄새가 강하다.

② **시스테인(Cysteine)**
냄새와 피부의 자극이 적지만 환원력이 약하고 비용이 높다.

③ **암모니아(Ammonia)**
휘발성이며 모발 손상이 적지만 냄새가 강하다.

④ **모노에탄올아민(monoethanolamine)**
비휘발성이며 모발 손상을 주지만 냄새가 적다.

⑤ **디소듐이디티에이(Disodium EDTA)**
금속이온의 비활성화에 관여한다.

(2) 퍼머넌트 웨이브제의 구성

① **제 1제**

1제는 알칼리제로서 암모니아(Ammonia) 또는 모노에탄올아민(MEA, Monoethanol amine)으로 이루어지며 pH 9.0~9.5 부근이다. 암모니아는 모발에 팽윤작용을 하며 휘발성이 있고 잔류성이 없어 모발 손상이 적다. 하지만 모노에탄올아민은 휘발성이 없고 잔류성이 있어 모발의 손상도가 크지만 냄새는 약하게 난다. 한편 퍼머넌트 웨이브제의 1제가 산성인 경우 이를 '산성 퍼머약'이라 하는데 이는 알칼리에 의한 모발 손상을 막기 위해 사용되는 것으로 글리세릴 모노 티오글리콜세이트(Glyceryl Monothioglycolate)를 주성분으로 pH 6~7 부근에 위치한다.

퍼머넌트웨이브 로션

CH_2 — COOH
|
SH

티오글리콜산(Thioglycolic acid)

티오글리콜산형(Thioglycoliuc acid type)
시스테인형(Cysteine type)

NH — CH — COOH
|
CH_2SH

시스테인(Cysteine)

② **산성퍼머약**

산성 퍼머약은 열기구를 사용하거나 손상된 모발 혹은 염색이나 블리치된 모발에 사용할 경우 효과적이지만 모발 손상이 덜한 반면에 두피 알러지를 유발할 수 있기에 유의해야 한다. 이에 가늘고 부드러운 모발이나 화학적 처리를 자주한 모발, 태양광선에 의해 손상된 모발에 적합하다.

③ **제 2제**

퍼머넌트 웨이브제의 2제는 브롬산나트륨, 브롬산칼륨, 과산화수소로 구성되어 있다. 브롬산나트륨은 5~10% 첨가되며 과산화수소는 2~5% 첨가된다. 브롬산나트륨과 브롬산칼륨이 함유된 2제는 pH 7 부근에 위치하며 과산화수소는 pH 4에 위치한다. 또한 과산화수소는 산화작용과 함께 멜라닌색소를 탈색시키는 성질이 있어 밝은 모발 색상에 주로 사용된다.

7) 헤어 스트레이트너(Hair Straightner)

헤어 스트레이트너는 본연의 곱슬 모발이나 퍼머넌트 웨이브가 시술된 모발을 곧게 펴고자 할 때 사용한다. 이는 퍼머넌트 웨이브제와 유사하며 1제인 환원제와 2제인 산화제로 되어 있다. 그러나 퍼머넌트 웨이브제에 비해 1제의 알칼리성이 높고 크림 형태로 되어 있으며 1제 도포 후 20~30분 정도 빗질을 반복하여 컬을 풀어주어야 하는 특징이 있다. 후에 2제를 도포하고 10~20분 후 깨끗하게 씻어내어 시술한다. 퍼머넌트 웨이브제의 경우 크림의 형태를 사용하면 롤링(Rolling)에 어려움이 있기에 액체 형태를 사용한다.

CHAPTER 9

두발 염색용 화장품

실용화장품학

CHAPTER

09 두발 염색용 화장품

① 염모제

오늘날의 염모제는 1863년 파라-페닐렌디아민(p-Phenylendiamine)을 개발한 독일의 호프만(Hofmann)에 의해 개발되었다. 후에 1924년 미국 에반스(Evans)에 의해 파라-톨루엔디아민(p-Toluenediamine)이 개발되어 유럽에서 널리 사용되었다. 피부 알러지 문제가 알려지기 시작했음에도 불구하고 새치커버와 같은 염색효과를 목적으로 지금까지 염모제의 사용은 대중적으로 이뤄지고 있다. 염모제는 염색효과에 따라 영구염모제, 반영구염모제, 일시염모제로 나뉘며 영구염모제는 모발 내부의 모피질(Cortex) 또는 모수질(Medulla)의 층까지 침투하여 화학변화를 일으킨다. 반영구염모제는 색소 자체가 모피질이나 모발표면의 큐티클층에 침투하여 물리적 흡착을 이루는 것으로 샴푸를 할 때마다 조금씩 색소가 소실되어 영구 염모제보다는 염색효과가 낮다. 일시적 염모제는 색소가 모발 표면의 큐티클층에서만 흡착된 것으로 지속효과가 가장 떨어지며 샴푸 후 제거되기 때문에 일회용으로 사용된다.

1) 염모제의 원리

염모제는 제 1제인 염료와 알칼리제, 그리고 제 2제인 과산화수소수로 구성된다. 제 1제의 염료에는 색소가 함유되어 있으며 제 2제는 모발 큐티클층을 팽창시켜 염료를 침투시키며 염색시키는 역할을 한다. 염모제는 제 1제와 2제를 혼합하여 사용하며 혼합액의 과산화수소의 영향으로 개방된 큐티클층에 혼합액이 침투하여 알칼리제에 의해 해리되면서 산소를 방출하고 큐티클에 있는 멜라닌색소를 산화시킨다. 이에 산화중합반응이 일어나 모발이 염색된다. 산화 염료가 발색되어 모발의 케라틴과 결합하면 고분자화가 되어 불용성색소가 되는데 이는 모발에 깊숙하게 자리하여 샴푸 후에 제거되지 않고 오랫동안 유지된다.

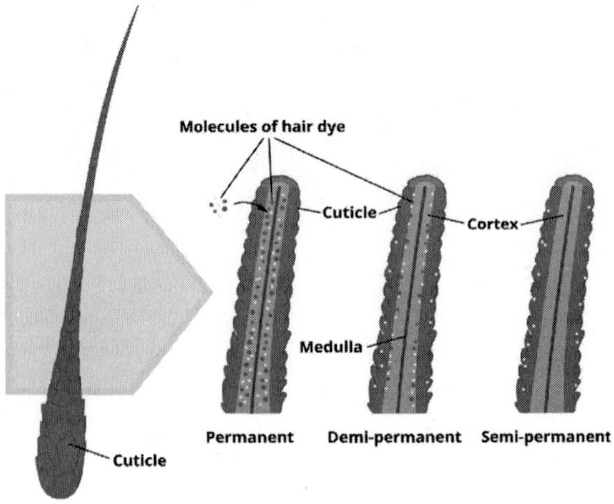

2) 염모제의 분류

(1) 영구 염모제 (Permanent Hair Coloring)

영구 염모제는 모표피의 침투와 산화제의 추가 작용에 의한 염색으로 탈색과 착색을 가능하게 한다. 제 1제는 염료 중간체와 색소 중간체를 혼합한 것으로 암모니아가 있으며 제 2제 산화제는 과산화수소가 있다.

① **식물성 염모제**

꽃, 식물에서 추출한 염료의 사용으로 부작용이 거의 없으며 카모마일, 헤나 등이 이에 속한다.

② **금속성 염모제**

은, 납 성분을 함유한 염모제로 피부자극을 유발할 수 있어 현재는 활용도가 낮다.

③ **혼합성 염모제**

금속이나 무기질 염료에 식물성 염료를 혼합한 염모제로 산화 염모제와 상극이므로 주의해야 한다.

④ **산화형 염모제**

현재 가장 많이 사용되는 염모제로 저알칼리성 산화염모제와 알칼리성 산화염모제로 나뉜다.

(2) 반영구 염모제(Semi Permanent Color)

2~6주 동안 지속되는 염모제로 샴푸의 횟수에 따라 지속성에 차이가 있으며 제 1제로만 구성된 약산성 제품이다. 모발 손상을 피할 수 있으며 용해제, 양이온 계면활성제, 염색소, 기포제, 유연제, 촉진제로 구성되어 있다.

① 산성컬러(코팅)

제1제로만 구성되어 있고 산성컬러의 반복적 시술에 의해 모발의 건조와 뻣뻣함이 나타날 수 있다.

② 코팅펌

펌(Perm)제에 섞어 사용하는 코팅제로 암모니아 성분이 모표피를 열어 색조가 침투되어 착색되도록 한다.

(3) 일시적 염모제(Temporary Color)

일시적 염모제는 일시적이며 인공적인 염모제로 가볍게 착색되기 때문에 수정이 가능하고 샴푸 후 제거된다. 또한 일시적 염모제는 염색소, 용해제, 알코올, 유연제로 구성되어 있으며 염색소는 다른 염색제의 구성성분과 동일하고 용해제는 염색소의 용해를 쉽게 하는 특징이 있다. 알코올은 빠른 건조와 관련이 있으며 유연제는 빗질을 쉽게 할 수 있도록 해준다.

(4) 블리치(Bleach)

블리치는 '탈색제'라 하여 자연모를 인위적으로 밝게 하는 것으로 점진적 멜라닌색소의 제거에 의해 밝아진다. 탈색의 조건에는 모발의 모질, 작용시간, 산화제의 농도(3%, 6%, 9%, 12%), 도포량, 온도가 있으며 탈색제의 종류에는 오일, 크림, 가루 타입이 있다. 또한 탈색제는 첨가제, 과산화수소, 암모니아수 등의 성분으로 구성되어 있다.

① 탈색제의 성분

- ▶ 첨가제 : 촉진제라 하며 착색 작용을 활성화시킨다.
- ▶ 암모니아수 : 약알칼리성으로 팽창을 유발하고 냄새가 강하며 산화염색에 쓰이고 산소를 발생한다.
- ▶ 과산화수소 : 무색, 무취의 액체로 물과 산소로 분리되며 열에 불안정한 혼합물이다.

② 탈색의 종류

㉠ 빠른 탈색 : 민감성 모발, 손상 모발에 사용되며 두피와 가까운 쪽에 주로 활용된다.

㉡ 느린 탈색 : 긴 머리의 끝부분이나 자연모(천연모) 또는 굵은 지방성 모발에 나타난다.

② 두발 염색용 화장품의 분류

1) 헤어 틴트(Hair Tint)

헤어 틴트는 멜라닌색소를 분해하여 탈색효과를 나타내는 일종의 헤어 블리치 시술로서 모발에 색소를 착색시키는 것이며 모발 염색(Hair Coloring)이라 한다. 이에 '모발 염색' 혹은 염색에 사용되는 '염모제'라 하며 본래 모발의 색을 변화시켜 인공적 색의 아름다움을 표현하거나 모발 색의 수정을 말한다.

2) 헤어 컬러스프레이(Hair Color Spray)

헤어 컬러스프레이는 일시적 염모제에 속하는 제품으로 샴푸 후 제거되며 일시적으로 색을 입혀 모발에 포인트를 주는 염모제를 말한다. 부분적 사용보다는 광범위한 사용에 적합하며 빗질을 피하는 것이 좋다.

(1) 일시적염모제의 사용

① 컬러 마스카라
마스카라 형태로 모근에서 끝까지 쓸어내리듯이 빗어준다.

② 컬러 젤
젤 타입으로 무스와 유사하며 소량의 모다발에 사용한다.

③ 컬러 샴푸와 컬러 린스
크림, 젤, 무스형태로 물과 혼합된 염색제를 린스제로 유지한다.

④ 컬러 크레용
새치커버용으로 활용되며 비누나 합성 왁스를 혼합한 제품이다.

⑤ 컬러 파우더
모발에 부분적으로 사용되는 분말 착색제이다.

CHAPTER 10

손·발톱용 화장품

실용화장품학

CHAPTER

10 손·발톱용 화장품

① 손·발톱의 이해

손톱은 오닉스(Onyx)라 하며 케라틴(Keratin)이라는 단백질로 구성되어 있다. 손톱과 발톱은 반투명의 각질세포로 손가락과 발가락의 끝을 덮고 보호해주는 역할을 한다. 모발과 같이 혈관이나 신경은 존재하지 않지만 모세혈관과 말초신경이 분포하고 있다. 손톱은 한 달에 약 3mm 정도 자라며 하나의 손톱이 새로운 손톱으로 자라날 때까지 약 4~6개월 정도 걸린다. 손톱의 단단함은 시스테인(Cystein)이라는 아미노산에 따라 결정되며 손톱을 구성하는 물질은 시스테인 외 칼슘, 적건(Phosphorus), 크롬, 셀레늄, 미네랄을 포함한다. 미네랄은 극소량이 존재한다.

1) 손·발톱의 기능

손톱과 발톱은 모발과 같이 케라틴(Keratin)이 주성분으로 이루어져 있으며 경단백질로 손끝과 발끝을 보호하는 기능을 한다. 손톱의 경도는 개인마다 다르며 함유하고 있는 수분의 양과 케라틴 조성에 따라 달라진다. 매니큐어(Manicure)와 패디큐어(Pedicure)는 손톱과 발톱을 청결하고 건강하게 관리하는 것으로 네일 폴리시를 손톱과 발톱에 발라 장식적 효과를 얻을 수 있다.

2) 손·발톱의 구조

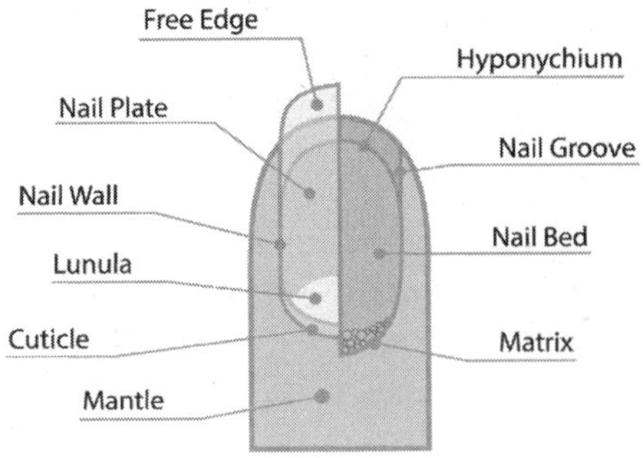

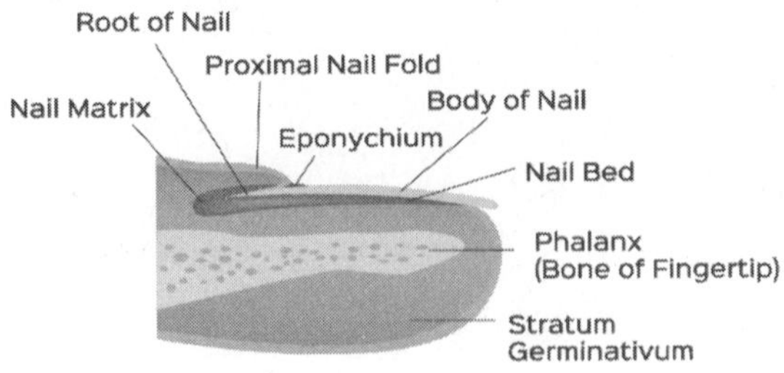

(1) 손톱의 기본구조

손톱은 크게 조근(Nail Root), 조판(Nail Plate), 자유연(Free Edge)으로 나눌 수 있으며 조근은 손톱이 자라나기 시작하는 지점을 말한다. 조판은 네일 플레이트라 하며 각질세포로 손톱 하부에서 상부로 향할수록 강도가 강하게 나타난다. 자유연은 손가락 바깥으로 나온 손톱의 끝부분을 말한다.

(2) 손톱 밑 구조

손톱의 아랫부분은 조모, 조반월, 조상으로 되어있으며 조모는 손톱이 성장하는 곳으로 손상될 경우 손톱이 변형되거나 빠질 수 있다. 조반월은 완전하게 각질화가 되지 않은 부분으로 흰색의 반달 모양을 하여 Nail Lunula라 한다. 조상은 손톱을 받쳐주는 역할을 하며 모세혈관과 말초신경이 분포되어 손톱의 신진대사를 조절하고 수분을 공급하여 손톱 건강을 유지한다.

① 조모(Nail Matrix)

조모는 조근과 함께 손톱이 성장하는 곳으로 이곳에 손상이 가해지면 손톱이 변형되거나 빠질 수 있다.

② 조반월(Nail Lunula)

완전하게 각질화되지 않은 부분으로 흰색의 반달 모양을 보인다.

③ 조상(Nail Bed)

손톱을 받치는 판으로 모세혈관과 말초신경이 분포되어 있어 손톱의 신진대사와 수분공급에 관여한다.

(3) 손·발톱 주위의 피부조직

손톱 주위의 피부조직에는 조소피, 조주름, 조구, 조벽, 상조피, 조상연, 하조피가 있으며 조소피는 손톱 건강에 있어서 외부로부터의 미생물과 병균의 침투를 막아주고 손톱에 수분과 탄력을 주는 역할을 한다. 조주름은 조근이 있는 손톱에서 깊이 접혀있는 피부를 말하며 조벽은 조구의 양쪽 홈 부분을 말한다. 상조피는 조상에 있는 가는 선 모양의 피부로 조판으로 뻗어있다. 조상연은 손톱 전체를 둘러싸고 있는 피부조직을 말하며 하조피는 손톱 아래의 피부조직과 연결된 막으로 박테리아의 침입으로부터 손톱을 보호하는 역할을 한다.

① **조소피(Cuticle)**
조소피는 미생물과 병균의 침입을 막아주며 수분과 탄력이 있을 때 건강하다고 할 수 있다.

② **조주름(Nail Fold, Mantel)**
조근이 있는 손톱에서 깊이 접혀있는 피부를 말한다.

③ **조구(Nail Grove)**
손톱 양측 사이의 홈을 말한다.

④ **조벽(Nail Wall)**
조구 위 손톱의 좌우 측면피부를 말하며 조근을 보호하는 역할을 한다.

⑤ **상조피(Eponychium)**
조상에 있는 가는 선의 피부로 조벽에서 조갑(조판)으로 뻗어 있다.

⑥ **조상연(Parnochium)**
손톱을 둘러싸고 있는 피부 전체를 말한다.

⑦ **하조피(Hyponychium)**
손톱 아랫부분의 살과 연결된 막으로 박테리아의 침입으로부터 손톱을 보호한다.

② 손·발톱용 화장품의 원료

손·발톱용 화장품에서 손톱 및 발톱 표면에 피막을 형성하는 성분은 니트로셀룰로오스(Nitrocellulose), 수지류, 가소제로 니트로셀룰로오스는 피막형성제의 역할을 하며 수지류는 네일 폴리시가 손톱 및 발톱 표면에 잘 밀착되고 광택을 향상시키기 위해 사용된다, 가소제는 형성된 피막을 유연하게 하여 내구성을 유지시키는 역할을 한다. 색소는 착색의 역할을 하는 성분으로 색소와 펄 안료로 다양한 색감을 나타낸다. 네일 폴리시의 점도는 바르기 편하도록 적당한 점성을 갖고 있어야 하며 휘발속도를 적당하게 유지해야 하는데 이는 용제의 영향을 받는다. 또한 물질의 침전을 방지하기 위한 침전방지제는 안전성을 향상시킨다.

③ 손·발톱용 화장품의 분류

1) 베이스코트(Base Coat)

베이스 코트는 네일 폴리시를 바르기 전에 바르는 제품으로 색조를 제외하고 네일 폴리시와 유사하게 구성되어 있으며 송진성분에 의한 폴리시의 손톱 착색을 미연에 방지하기 위해 사용한다. 무색의 투명한 베이스코트와 우윳빛의 베이스코트 두 가지가 있으며 주성분은 에틸아세테이트, 이소프로필알코올, 부틸 아세테이트, 니트로셀룰로오스, 송진, 포름알데히드로 구성된다. 이는 손톱의 주름을 메워 네일 폴리시가 고르게 발리도록 하고 네일 폴리시의 밀착성을 높여준다. 베이스코트는 네일 폴리시에 비해 손톱 표면에 피막을 형성하는 니트로셀룰로오스가 비교적 적게 함유되어 있다.

2) 네일 폴리시(Nail Polish)

네일 폴리시는 손톱에 색을 부여하여 장식적 기능을 하며 미적 표현을 가능하게 한다. 또한 손·발톱 표면에 광택이 나는 얇은 피막을 형성하여 손·발톱 보호의 기능을 한다. 피막은 네일 폴리시의 주성분인 니트로셀룰로오스에 의해 형성되는데 적당한 굳기와 유연성이 있어야 하며 잘 벗겨지지 않아야 한다. 또한 네일 폴리시는 손톱 도포가 용이하도록 적당한 점성이 있고 대부분 베이스 코트 도포 후 2회 정도 덧바른다. 네일 폴리시는 색소가 균일하게 용해되거나 분산되어 있으며 사용 후 색상과 광택이 퇴색되지 않는 것이 좋다. 네일 폴리시의 니트로셀룰로오스는 휘발성 용해액으로 휘발성이 매우 높아 이를 보완한 휘발성이 약한 제품이 출시되었지만 건조시간이 오래 걸린다는 단점이 있다.

3) 탑 코트(Top Coat)

탑 코트는 네일 폴리시 도포 후 마지막에 바르는 것으로 손톱 표면에 광택을 주며 베이스 코트와 마찬가지로 송진 성분이 함유되어 있어 네일 폴리시가 쉽게 벗겨지지 않고 오래 유지될 수 있게 해준다. 탑 코트의 성분은 네일 폴리시와 유사하지만 견고하고 탄력성 있는 피막 형성을 위해 니트로셀룰로오스가 가장 많이 함유되어 있다.

4) 네일 크림 · 로션 · 에센스

(1) 네일 크림 · 로션(Nail Cream · Lotion)

네일 크림이나 로션은 주로 손 마사지를 할 때 사용하며 피부에 유분을 제공하여 거칠어짐을 방지한다. 손과 함께 손톱의 보습을 강화시키고 보습 효과가 높은 크림타입의 제품을 주로 사용하며 보습제, 바셀린이 주성분으로 구성된다. 이는 손의 거칠기에 따라 소염제와 비타민류의 약제가 첨가되기도 하며 그 외 계면활성제와 색재, 방부제, 약제로 구성된다. 이러한 네일 크림의 성분은 크게 수성성분과 유성성분으로 구분된다.

① **네일 크림 · 로션의 수성성분**
보습제의 주요 원료이며 글리세린, 프로필렌글리콜, 솔비트, 폴리에틸렌글리콜, 1,2-부틸렌글리콜 등이 있다.

② **네일 크림 · 로션의 유성성분**
오일, 왁스류, 지방산, 고급알코올을 중심으로 올리브유, 아몬드유, 해바라기유, 호호바유, 라놀린, 카루나우바왁스, 스테아린산, 올레인산, 세탄올, 스테아릴 알코올, 콜레스테롤 등이 대표적이다.

(2) 네일 에센스(Nail Essence)

네일 에센스는 '네일 보강제(Nail hardener)'라고도 하며 아무것도 도포되지 않은 자연의 손톱을 강화시키기 위해 사용하며 손톱이 찢어지거나 갈라지는 것을 방지한다. 네일 폴리시 도포에 있어서는 베이스 코트를 바르기 전에 가장 먼저 도포하는 것이 적합하다.

5) 네일 폴리시 리무버(Nail Polish Remover)

네일 폴리시 리무버는 네일 폴리시를 지우는 제품으로 네일 폴리시의 피막을 용해하여 제거한다. 이는 니트로셀룰오스를 녹이는 용제로 이루어져 있어 용해가 쉽게 되고 빠르게 건조되며 냄새나 피부에 대한 자극이 적은 것이 적합하다. 네일 폴리시 리무버는 초산에칠(Ethyl Acetate), 초산부칠(Butyl Acetate) 등의 에스테르류와 아세톤(Acetone)으로 구성되어 있으며 손·발톱 탈수작용이 크게 일어날 수 있어 유분과 보습제 성분을 첨가하기도 한다.

CHAPTER 11

맞춤화장품

실용화장품학

CHAPTER

11 맞춤화장품

① 유기농화장품

1) 유기농화장품의 이해

유기농화장품은 유기농 원료, 동식물 및 그 유래 원료 등으로 제조되고, 식품의약품안전처장이 정하는 기준에 맞는 화장품을 말한다.

'오가닉 화장품(Organic Cosmetics)'이라 하며 원료의 생산부터 제품의 제조와 포장, 판매에 이르는 전 과정에 유기농인증기관의 기준을 통과해야만 유기농화장품이라 할 수 있다. 이처럼 유기농화장품은 화장품의 제품 및 제조 과정에 농약, 화학비료, 합성방부제, 색소, 유전자조작식물(GMO)을 사용하지 않은 것으로 천연을 지향하는 고유의 본질적인 것을 의미하는 화장품이라 정의할 수 있다. 유기농 인증기관은 현재 국내에 없기 때문에 식품의약품안전처(식약처)의 유기농 화장품 표시 및 광고에 대한 가이드라인에 따라 규정되며 화장품 전 성분의 95% 이상이 천연원료이면서 화장품 성분의 10% 이상이 유기농 원료로 제조되어야 한다. 또한 제조과정에서 유전자 조작식물이나 방사선을 조사해야 하며 포름알데히드의 사용이 금지된다. 제품용기와 포장에도 폴리염화비닐과 폴리스티렌폼이 사용되지 않아야 유기농화장품이라 할 수 있다. 유기농화장품의 방부에는 화학적 방부제 대신 식물에서 추출한 에센셜 오일 혹은 세균이나 박테리아 번식을 막는 천연 방부제를 사용해야 하며 식약처에서 허용한 합성원료를 전 성분의 5% 이내 범위에서 사용할 수 있다. 하지만 자연주의화장품과 천연화장품, 유기농화장품은 원료의 재배방법이나 처리 과정, 함량에 대한 기준이 명확하지 않아 용어의 뚜렷한 기준을 찾기 어렵다.

한편 유기농법 화장품은 유기농법으로 재배한 식물 원료를 화학적 방법이나 인공향료를 첨가하지 않고 무공해 가공법으로 제조한 화장품을 말한다. 식품의약품안전처(식약처)에 따르면 국내 유기농 화장품 시장규모는 약 900억 원으로 연평균 8~9%의 성장세를 보이고 있어 기존 유기농화장품을 보완한 나노화 유기농법 화장품이 출시되고 있다. 이는 전통발효 방식의 원재료의 분자량을 잘게 쪼개어 나노화한 화장품을 말한다.

(1) 용어의 정의

유기농화장품은 식품의약안전처의 유기농 화장품 원료에 준하는 유기농 원료로 제조되며 유기농 원료, 식물 원료와 식물유래 원료, 동물에서 생산된 원료 및 동물성유래 원료, 미네랄 원료 및 미네랄유래 원료, 물이 있다.

① 유기농 원료

- ▶ 친환경 농어업 육성 및 유기식품에서 허용하는 물리적 공정에 따라 가공한 원료
- ▶ 외국 정부(미국, 유럽연합, 일본)에서 인증한 기관으로부터 유기농수산물로 인정받거나 이에 허용되는 물리적 공정에 따라 가공된 원료
- ▶ 국제유기농업운동연맹(IFOAM)에 등록된 인증기관으로부터 유기농 원료로 인증을 받거나 이에 허용되는 물리적 공정에 따라 가공된 원료

② 식물(유래) 원료

- ▶ 식물(유래) 원료는 자체로서 가공하지 않거나 이 식물을 가지고 이에 허용하는 물리적 공정에 따라 가공된 화장품 원료

③ 동물(유래) 원료

- ▶ 동물성(유래) 원료는 세포·조직·장기를 제외하고 자연적으로 생산되는 것을 가공하지 않거나 허용되는 물리적 공정에 따라 처리한 계란, 우유, 우유단백질 등의 원료

④ 미네랄 원료

- ▶ '미네랄 원료'는 지질학적 작용에 의해 자연적으로 생성된 물질을 이에 허용되는 물리적 공정에 따라 가공한 화장품을 말하며 화석연료를 기원한 물질은 제외된다.

(2) 유기농화장품의 원료조성

유기농화장품의 전체를 구성하는 원료 중에서 10% 이상이 유기농 원료로 구성되어야 하며 해당하는 원료는 중량 비율로 계산된다. 부피는 중량으로 환산하여 계산되고 농축되거나 희석된 가공 원료는 가공 이전 상태로 환산하여 중량으로 계산한다. 원료에 유기농 원료가 혼합되어

있을 경우에는 혼합원료에서 유기농 원료의 비율만큼을 유기농 원료의 함량으로 인정한다. 한편 유기농수산물을 건조하여 추출한 원료의 경우 함량이 5% 이상이면 그 추출물에 대해 100% 유기농 원료의 함량으로 계산하며 함량이 5% 미만일 시 그 추출물에 대해 함량에 비례하여 계산한다. 건조하지 않은 유기농수산물의 사용은 사용량에 1/4를 곱한 값을 건조한 유기농수산물의 함량으로 한다.

② 천연화장품

천연 화장품은 식물성 원료와 식물성 방부제만으로 이뤄지며 화학적 방부제인 메칠파라벤, 페녹시에탄올, 프로필파라벤 등을 사용하지 않은 화장품을 말한다. 이는 천연원료의 비화학적 추출 및 재배를 통해 제조되며 유해 화학물질을 최소화하여 방부기능을 향상시킨 화장품이다.

일반화장품의 방부제로 사용되는 화학방부제는 천연화장품에서 천연한방방부제로 대체되고 광물성오일과 실리콘오일이 아닌 식물성 오일이 첨가된다. 보습제는 식물성 보습제가 사용되며 식물성 비타민 E가 항산화제의 역할을 한다. 기능성첨가물에는 천연기능성첨가물이 5~20% 첨가되며 정제수나 한방추출물이 함유되기도 한다.

1) 천연화장품과 일반화장품의 비교

천연화장품의 방부제는 천연 한방원료를 방부제로 하며 일반화장품은 화학 방부제가 사용된다. 천연화장품의 보습제는 식물성 보습제가 사용되고 일반화장품의 보습제는 일반 보습제로 광범위하게 적용된다. 항산화제는 천연화장품의 경우 천연기능성 첨가물이 약 5~20% 정도 함유되어야 하며 일반 화장품의 기능성 첨가물은 1~5% 정도 함유되어 있다. 또한 천연화장품은 식물성 오일이 유성 원료로 사용되고 일반화장품의 유성 원료는 광물성오일이나 실리콘 오일이 사용된다. 수성 원료의 경우 천연화장품은 정제수와 한방추출물을 원료로 하고 일반화장품은 정제수를 수성 원료로 한다.

구분	천연화장품	일반화장품
방부제	천연 한방방부제	화학방부제
보습제	식물성 보습제	일반 보습제
항산화제	식물성 비타민 E	비타민 E
기능성첨가물	천연기능성첨가물 5~20%	기능성첨가물 1~5%
유상층(오일)	식물성오일	광물성오일, 실리콘
수상층(정제수)	정제수, 한방추출물	정제수

2) 천연화장품의 제조

천연화장품의 제조는 화장품의 제형에 따라 다르게 나타난다. 스킨, 미스트류의 천연화장품은 기능성첨가물이 수성 원료로 첨가되어 제조되며 로션, 크림의 천연화장품은 정제수(물)와 식물성오일을 유화제의 혼합물에 기능성첨가물을 첨가하여 제조된다. 클렌징 오일류는 식물성오일과 가용화제를 혼합하여 기능성첨가물이 첨가된다. 에센스와 앰플류는 정제수(물)와 식물성오일에 고기능성첨가물이 혼합된 것이며 천연 샴푸와 린스는 식물성 계면활성제와 식물성 추출물의 혼합물을 주원료로 한다. 비누는 식물성오일과 가성소다의 혼합물의 비누화를 말하며 천연화장품의 기능성첨가물에는 아데노신리포좀, 판테놀-프로비타민(B5), 실크아미노산, 레티놀-비타민A, 솔비돌, 식물성 콜라겐, 식물성 엘라스틴, 코엔자임 Q10 조효소, 식물성 플라센타-식물성 태반, 병풀추출물, 알부틴, 글리세린, 알란토인, 히알루론산, AHA 등이 있다.

3) 천연화장품의 원료

(1) 콩

예부터 자연의 재료를 활용하여 화장품으로 사용했으며 곡물가루는 세안의 원료가 되고 식물의 즙은 로션에 이용되었다. 특히 콩은 한국의 옛 여인들로부터 오랫동안 사용되어온 천연화장품의 원료로 지금까지 사용되고 있다. 콩에는 사포닌, 레시틴, 토코페롤 등의 물질이 있어 피부의 보습, 미백, 해독작용의 기능이 있다. 순수 콩기름은 화장을 지우는 데 사용하였고 비누를 대신하여 사용되기도 하였다. 이는 화장품 찌꺼기를 깨끗이 분해시켜주며 고단백질과 유지방 성분의 함유로 피부세포를 재생시키는 역할을 한다. 또한 콩과 작물인 녹두는 뛰어난 해독작용으로 피부 화장독 치료에 효과적인 천연 화장품 원료이다.

(2) 시어버터

황록색 식물성 유지인 시어버터는 수분공급과 상처재생에 효과가 있어 화장품 보습제 및 연화제로 사용되고 있다. 이는 시어 나무(Shea tree)의 열매에서 채취한 성분으로 만든 것이며 뛰어난 보습력이 특징이다. 시어버터의 효과는 보습력 외에도 자외선 차단 효과와 두발, 두피의 윤택함을 돕는 기능과 함께 영양공급과 재생에 원활한 활성화를 하여 주로 헤어 컨디셔너로 활용되고 있다. 아토피 피부의 경우 천연 시어버터의 천연화장품을 사용하면 각질화된 피부를 부드럽게 연화시킬 수 있으며 가려움증을 완화시킬 수 있다. 시어버터의 성분 중 하나인 파이토스테롤(Phytosterol)은 콜레스테롤의 체내흡수를 막는 내분비계 호르몬으로 체내 균형을 맞추는 역할을 한다. 더불어 항염(抗炎)과 면역 조절 등의 효과가 있어 인체가 원활한 기능을 할 수 있도록 해준다.

(3) 꽃사과

꽃사과는 장미과 사과나무에 속하며 몇몇 소교목류의 열매를 말한다. '산사'라고도 하며 일반적인 사과나무보다 딱딱하고 작으며 가시가 많다. 꽃사과의 잎에는 폴리페놀과 플라보노이드가 함유되어 있어 콜레스테롤 상승을 억제하고 혈전과 뇌졸중을 예방하며 골밀도 유지에 효과가 있다. 또한 기미 및 갈색 피부의 색소 침착을 억제하는 성분의 함량이 풍부하여 천연화장품 원료로서의 이용 가능성을 인정받고 있다.

(4) 마유(馬油)

마유는 말의 지방조직에서 추출한 지방성분으로 화장품 성분명은 호오스팻(Horse fat)이라 하며 아토피 피부 완화에 특히 효과적이다. 마유는 팔미톨레산과 세라마이드를 주원료로 하며 피부 보습과 보호, 피부 세포의 재생촉진, 자외선 차단, 항균 기능을 한다. 또한 사람의 피지와 유사하여 사람 피부에 거부감이 없으며 흡수성이 우수하여 천연 원료로 사용되고 있다.

③ 한방화장품

1) 한방화장품의 이해

한방화장품은 천연화장품의 한 부분으로 「동의보감」, 「본초강목」, 「향약집성방」 등 한약서에 기록된 생약이나 한약재를 일정 기준 이상 함유하고 있는 화장품을 말하며 화장품 100g에 해당하는 한방성분이 0.001% 이상을 차지할 경우 한방화장품이라 표기할 수 있다. 한방화장품은 피부의 원기를 북돋아 건강한 피부를 유지하는 역할을 하며 특히 인삼은 한방화장품에 사용되어 주름개선의 효과를 준다. 또한 당귀는 노화방지 효과를 주며 작약은 피부건조를 막아주어 피부밸런스 유지에 도움을 준다.

2) 한방들꽃화장품

한방화장품 중에서 들꽃을 주성분으로 하는 화장품을 한방들꽃화장품이라 하며 민들레, 구절초, 감국, 연꽃, 달맞이꽃의 성분이 대표적인 들꽃 성분이다. 이는 피부 진정과 보습효과를 주며 특히 아기의 피부에도 사용이 가능하고 들꽃 성분에 따라 다양한 기능을 나타낸다.

(1) 한방들꽃화장품의 원료

① 민들레

아토피 증상을 완화시키며 면역력을 개선하고 환경호르몬의 독성을 해독하는 효과가 있다. 특히 물이나 알코올의 추출물과 혼합으로 효능을 극대화시킬 수 있는 것이 특징이다.

② 구절초

'구절초'는 국화과의 식물로 우리나라 중부 이북의 산에서 자라며 민간에서는 무월경, 폐렴, 감기, 인두염, 고혈압증 등의 치료요법으로 사용했던 한방약재를 말한다.

③ 감국

'감국'은 진국(眞菊), 금정(金精), 절화(節華)라고 하며 한국, 중국, 일본의 산과 들, 해안가에서 자란다. 서리가 내리기 전 활짝 핀 꽃을 채취하고 노란 혀 모양의 설상화나 머리모양의 두상화서가 많고, 엷은 황갈색 관모양의 관상화는 적다. 감국은 녹갈색의 총포를 띠고 강한 향기가 있으며 쓴맛이 약한 것이 좋은 감국이며 한방약재료서의 감국은 눈과 머리를 시원하게 하며 눈물을 그치고 열을 내리는 작용을 한다. 또한 가슴 속 열에 의한 답답함이나 폐렴, 기관지염, 두통, 어깨 결림, 고혈압 완화에 효과가 있으며 간의 기능을 보완하거나 충혈, 생리불순, 피부트러블 진정에 사용되기도 한다.

④ **연꽃**

'연꽃'은 물에서 자라는 여러해살이풀이며 연분홍색의 꽃이 지고 난 뒤 깔때기 모양의 큰 열매를 맺는다. 연자육(蓮子肉), 연실(蓮實), 우실(藕實), 연자(蓮子)라고도 하며 연꽃의 씨가 주로 약재로 사용된다. 연꽃의 씨에는 아르메파빈(Armepavine), 누키페린(Nuciferine), 레메린(Roemerine)이 함유되어 있어 피부진정 및 수렴과 신체허약, 위장염, 소화불량, 불면증, 산후출혈 지혈 등의 효과가 있다.

⑤ **달맞이꽃**

'달맞이꽃'은 월견초유, 야래향, 산지마, 월하향, 월견초, 향대소조라 하고 밤에만 꽃이 피기 때문에 달맞이꽃이라 불리기 시작했다. 잎이 어긋나있고 7월에 노란색 꽃을 피우며 저녁에 피어 아침에 시든다. 열매는 10월에 성숙하며 긴 타원형의 4갈래 형태로 갈라지면서 종자가 나와 점액이 생긴다. 한방에서는 달맞이꽃의 뿌리를 월견초라 하여 감기로 인한 발열, 인후염 증상완화에 사용하며 종자는 월견자라 하여 고지혈증에 사용한다. 또한 민간에서는 예부터 고혈압, 감기, 신장염, 인후염, 해열 등을 위한 사용뿐만 아니라 여인의 미용을 위한 약재로 사용되어왔다.

④ 바이오화장품

1) 바이오화장품의 이해

넓은 의미에서의 바이오 화장품은 생물 공학적 방법으로 만들어진 성분을 화장품에 배합한 것을 말한다. 생물이 자연적으로 만들어낸 성분을 바이오테크놀로지(Biotechnology)라 하며 이를 함유한 화장품을 바이오 화장품이라 한다. 대표적인 바이오 화장품에는 '바이오 립스틱'과 '바이오 파운데이션'이 있다. 바이오 립스틱은 희소식품인 지치의 뿌리를 조직배양법으로 채취하여 추출한 색소를 립스틱에 배합한 화장품이며 바이오 파운데이션은 천연식물유를 발효법에 따라 정제하고 안정화하여 파운데이션에 첨가한 제품을 말한다. 이 외에 발효법을 통해 양산된 히알루론산(Hyaluronic acid)을 첨가한 바이오 화장품은 피부진피층의 윤기와 수분 유지에 효과가 있으며 정제된 젖산균과 배양여과액에 보습성분을 첨가하여 제조되고 있다.

2) 바이오화장품의 제조

바이오테크놀로지는 유전자의 변형이나 세포 융합, 대량 복제 기술의 클론(Clone) 등에 의해 나타나며 식료품 및 의약품 생산에 활용되는 새로운 기술이다. 최근에는 피부유형에 따라 추출된 동식물의 유효성분을 적절하게 배합하는 화장품 개발이 지속적으로 이뤄지고 있다. 바이오 화장품은 생물이 자연적으로 생성한 물질을 응용하여 인체에 해가 되지 않는 특징이 있다. 또한 피부에 긍정적 효과를 주는 성분들을 생명공학의 클론(복제기술)을 통하여 화장품에 지속적으로 삽입할 수 있기 때문에 색조화장을 위한 화장품보다는 주로 기능성화장품으로 활용되고 있다. 이에 피부 밸런스 유지 및 피부 각질 완화, 모공수축, 잔주름, 기미, 잡티, 검버섯의 완화 등 다양한 피부 문제 개선을 위한 기능성화장품의 바이오화장품이 개발되고 있다.

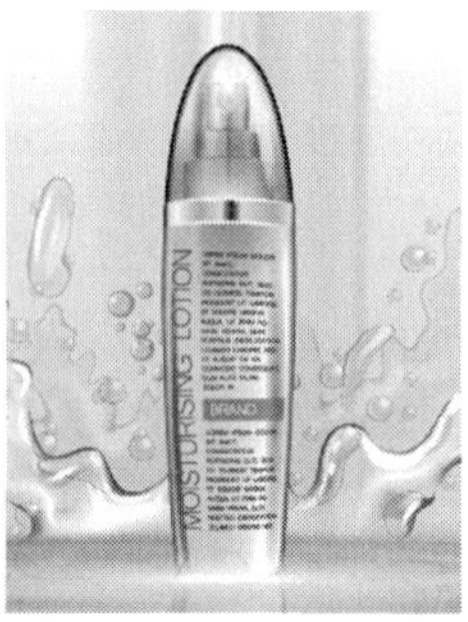

CHAPTER 12

목욕용 화장품

실용화장품학

CHAPTER 12

목욕용 화장품

① 목욕용 화장품의 개념

목욕용 화장품은 크게 목욕용 오일·정제·캡슐, 목욕용 버블배스, 목욕용 소금류가 있으며 사용목적에 따라 특정 신체부위가 적용된다. 세정과 피부의 관리, 향취 부여, 선케어, 벌레방지 목적의 목욕용 화장품은 전신에 적용되며 손, 손가락 및 발, 발가락 피부의 관리를 목적으로 손과 발에 적용되는 목욕용 화장품이 있다. 팔꿈치나 무릎 부분은 각질을 유연하게 하는 목적으로 사용되며 겨드랑이와 같이 땀샘이 많이 분포된 곳에 사용되는 목욕용 화장품은 방취의 목적으로 사용된다. 또한 부종방지를 목적으로 사용되는 목욕용 화장품에는 레그후레슈너 크림이 있다.

② 목욕용 화장품의 분류

1) 목욕용 오일, 정제, 캡슐

목욕용 오일에는 오레가노 침출액, 세이지, 라벤더, 에스트라공, 레몬밤, 베르가못, 스위트 바실 등 에센셜 오일로도 활용하는 허브를 정제하여 사용하거나 캡슐 형태로 제품화하여 사용하고 있다.

(1) 목욕용 오일의 원료

① 오레가노 침출액

오레가노 침출액은 강장, 이뇨, 건위, 식욕증진, 진정, 살균작용이 있어 방향제 및 목욕제로 사용 할 수 있는 천연 성분이다.

② 세이지

세이지는 에센셜 오일에 활용되는 허브로 꽃과 잎이 사용된다. 기분을 밝게 하고 흥분을 가라앉히는 기능이 있으며 페놀산의 항균작용으로 입안 세정제로도 사용된다. 또한 로션이나 샴푸의 원료로 사용되거나 상처치료, 피부장애 개선에 활용할 수 있으며 목욕제로의 사용은 피로회복과 피부미용 효과를 준다.

③ 라벤더

라벤더는 라틴어 'lavo', 즉 '씻다'에서 유래되었으며 꽃과 잎, 줄기를 이용하여 사용한다. 라벤더의 방향은 우수하고 증류법을 통해 추출한 라벤더 워터는 피부세정과 상처치유에 효과가 있다. 또한 햇볕에 그을린 피부를 완화시켜주며 특히 라반진(Lavandula flagrans)의 봉오리는 목욕제, 방향제, 화장수의 성분으로 피부 손질에 효과적이다.

④ 에스트라공

에스트라공은 주로 요리에 널리 사용되고 있으며 식욕증진, 소화불량, 복부팽만을 완화하는 효과가 있다. 에스트라공 침출액은 통풍, 류머티즘, 관절염 등에 좋은 목욕제로 주로 쓰이며 이러한 목욕제는 주로 식물의 추출물이나 침출액을 사용하는데 사용되는 추출물은 혈액의 움직임을 좋게 하며 산화방지 및 살균작용의 기능을 하고 불면증 치료에 효과가 있다.

⑤ **레몬밤**

레몬밤은 레몬향이 강한 허브로 꽃, 잎, 줄기가 사용되는 에센셜 오일의 이용물질이다. 허브차는 산통완화 효과가 있고 에센셜 오일은 우울, 불안, 불면, 신경성 두통 완화에 효과가 있다. 습진과 알레르기 개선에도 사용되고 있으며 생리통 완화의 기능이 있는 약용 식물이다. 레몬밤의 잎을 목욕제로 사용하면 레몬 향과 비슷한 향으로 기분을 밝고 편안하게 해주며 보온 및 피부세정효과가 높다. 이를 달인 액은 린스로 활용할 경우 탈모 방지 효과가 있으며 생잎은 벌레에 물린 상처의 통증완화에 효과적이다.

⑥ **베르가못**

베르가못은 꽃, 잎, 줄기가 사용되며 특유의 향이 있는 식물로 꽃에서 꿀이 분비된다. 베르가못은 피부병 치유와 거친 피부개선에 효과가 있으며 아로마테라피용 오일로 사용되고 있다. 또한 베르가못을 목욕제로 사용할 경우 긴장해소와 피부진정의 효과가 있다.

⑦ **스위트 바실**

스위트 바실은 꽃, 잎, 줄기, 열매, 씨앗을 사용하며 식욕을 증진시키는 허브차로 활용하여 위장을 건강하게 한다. 달고 강한 향이 있으며 이는 살균, 항염증, 피부진정의 효과가 있다. 목욕제로의 사용은 정신고양과 피로회복, 피부를 산뜻하게 해주는 효과가 있다.

2) 목욕용 버블배스(Bubble Bath)

목용용 버블배스는 목욕 시 욕조 속에 넣어 사용하는 목욕제를 말한다. 일반적으로 비누에서 분비되는 물질이 젖산과 결합하며 세척효과가 높지 않지만 버블 배스는 화학적 반응이 일어나지 않아 세척 효과가 우수하다. 또한 거품이 많고 은은한 향취로 상쾌한 청량감을 준다.

(1) 바디샴푸

바디샴푸는 피부 표면의 세정과 청결 유지를 목적으로 사용되며 부위와 목적에 따라 구분된다.

3) 목욕용 소금

배스 솔트(Bath salt, Badesalz)는 목욕할 때 탕 속에 넣어 사용하는 입욕제로 물을 연화시켜 비누 거품을 형성하고 향기를 준다. 물의 연화를 위한 목적 외에도 심리적 안정 효과를 주기 위해 사용되기도 한다. 이는 상온에서도 안정한 상태로 아름다운 빛깔과 향을 지니고 있다.

(1) 목욕용 소금의 원료

온천수에 함유된 무기염류가 주요 원료이며 착색제와 향료가 첨가된다. 무기염류, 착색제, 향료를 배합한 물질을 물에 용해시켜 사용하며 분말, 과립, 정제의 상태로 분류된다. 신체의 혈액순환을 돕는 염화나트륨, 염화칼륨, 황산마그네슘과 피부청결에 효과적인 탄산수소나트륨, 세스퀴탄산나트륨, 탄산나트륨, 탄산칼륨 등으로 구성되며 안전성의 향상을 위한 황산나트륨, 전분의 흡습제가 배합되기도 한다.

▶ **약용식물 목욕제**

약용식물 목욕제는 인체에 보습효과와 혈액순환 촉진, 소염, 진정, 진통, 살균, 청정의 효과가 있는 약용식물을 활용한 것이다. 이는 약용 식물 추출액에 무기염류를 첨가한 것이나 추출액을 액상제품으로 상품화한 것이 있으며 인삼, 쑥, 당귀, 미역, 귤, 율무, 알로에, 박하, 작약, 창포, 오렌지 등이 대표적이다.

CHAPTER 13

방향용 화장품

실용화장품학

CHAPTER

13 방향용 화장품

① 향수의 이해

1) 향수의 역사

향수는 고대 이집트에서 방향성 약제와 화장료로 널리 사용되었다. 특히 그리스 시대에는 향나무, 정유가 향료로 이용되었고 로마인은 장미향을 즐겨 유럽에 널리 보급시켰다. 향료는 동로마제국시대의 중요한 교역물자로 서유럽에 전파되었으며 아라비아인들이 독점하였으며 르네상스 시대를 맞이하여 향료 제조기술은 단계적 진보를 거쳐 발달하였다. 1370년경의 헝가리 워터(Hungary Water)라 하는 오데토왈렛(Eau de Toilette) 형태의 향수는 오늘날의 향수의 모습과 유사한 최초의 향수 제품이며 16세기 프랑스 루이왕조의 궁정문화는 향수산업 발달의 시발점이라 할 수 있다. 1709년 이탈리아인 장 마리화나의 향수인 오데코롱은 독일의 퀼른 물에 향료를 희석하여 만든 향수로서 바닐라, 버가못, 쟈스민, 오렌지 등의 향료를 활용하여 독일에서 만들어져 프랑스로 전파되었다. 18세기 이후에는 유기화학의 진보로 천연물 내의 향 원료 검출 및 순수분리, 구조결정을 통한 테르펜 화학의 기초가 창출되었고 합성향료의 연구가 이뤄지기 시작했다. 20세기에 들어서는 유기용제의 추출법 개발과 합성향료의 연구 및 공업화로 인해 향료 공업이 급속하게 발전했으며 화학분야에 새로운 원료가 도입되고 분석기기가 발달하며 조합기술이 진보적으로 발전하면서 더욱 새롭고 우수한 향내의 조제를 추구하면서 지속적으로 발달하고 있다. “샤넬 NO 5”는 대표적인 향수제품으로 1921년 프랑스 샤넬에서 개발된 향수이며 21종 향수의 다섯 번째 화장품으로 플로럴 알레히드 계열의 향수이다.

2) 향수의 특징과 분류

향수의 원료는 크게 천연향료(Material of Natural Origin), 합성향료(Aroma Chemical), 향장품 향료(Fragrance), 식품 향료(Flavor)의 4가지 대별로 나뉘며 특히 향장품으로의 향료는 향수, 화장품, 비누, 세제, 방향제 등에 사용되는 향료를 말한다. 이에 방향 화장품은 향기를 중심으로 하는 화장품이라 할 수 있으며 나쁜 냄새를 억제하고 좋은 향기를 부여하여 매력을 증진시키는 기능을 한다. 이러한 향수는 발향 단계, 부향률, 향의 계열에 따라 분류할 수 있다.

(1) 발향단계에 따른 분류

① 노트(Note)

단일한 원료나 여러 원료의 배합을 바탕으로 하며 후각적 인상을 상징한다. 본래는 음악에서 사용하는 용어이다.

② 탑 노트(Top Note)

향수의 첫 개봉에서 사용 후 즉시 나타나는 향의 첫 느낌으로 시트러스(Citrus), 그린(Green), 레몬(Lemon), 베르가못(Bergamot)의 높은 발산성 향취를 가진 원료를 주로 포함하고 있다.

③ 미들 노트(Middle Note)

향취의 중심부로 구성요소들의 배합을 통해 도출된 향의 중간단계를 말한다. 탑 노트보다 오래 지속되고 플로랄(Floral), 프루티(Fruity), 그린(Green), 스파이시(Spicy)의 원료를 주로 포함하고 있다.

④ 베이스노트(Base Note)

시간이 흐른 뒤 체취와 섞여나는 향취로 향의 기본적 성격과 지속적 품질 결정에 연관이 있다. 무스크(Musky), 우디(Woody), 오리엔탈(Oriental)의 주로 낮은 휘발성을 가진 향료들로 이루어진다.

(2) 부향률에 따른 분류

① 퍼퓸(Perfume, Extrait)

15~25%의 부향률로 부향률이 가장 높으며 6~7시간 정도 지속되며 가장 풍부한 향과 높은 완성도로 귀, 뒤, 목, 팔목 등의 신체부위에 소량 사용한다.

② 오데퍼퓸 (Eau de Parfum)

15% 전후의 부향률로 5~6시간 정도 지속되고 향이 깊이가 있으며 경제적이다.

③ **오데토왈렛(Eau de Toilette)**

5~10%의 부향률로 3~4시간 정도 지속되고 대중적인 향수제품이 이에 속한다.

④ **오데코롱(Eau de Cologne)**

3~5%의 부향률로 2~3시간 정도 지속되며 농도가 강하지 않아 향수를 처음 사용하는 사람들에게 적합하다.

⑤ **샤워코롱(Shower Cologne)**

1~3%의 부향률로 1시간 정도 지속되며 향이 가벼워 인체에 사용하는 방향제 역할을 한다.

(3) 계열에 따른 분류

① **싱글 플로럴(Single Flower)**

단일한 꽃에서 느껴지는 향기(로즈, 쟈스민, 라일락 등)로 디오리시모(Dior), 로자리움(Shiseido)이 대표적 향수 브랜드이다.

② **플로럴 뷰케(Flower Bouquit)**

여러 가지 꽃의 향취, 복합적인 꽃의 향취를 말하며 이터니티(Calvin Klein), 파리(YSL)가 대표적 향수브랜드이다.

③ **플로럴 알데히드(Flower Aldeyde)**

플로럴 향과 알데히드가 복합된 향취로 샤넬 No. 5(Chanel)가 대표적 향수 브랜드이다.

④ **플로리엔탈(Florental)**

플로럴 향과 오리엔탈이 복합된 향취이며 포이즌(Dior)이 대표적 향수 브랜드이다.

⑤ **오리엔탈(Oriental)**

동물성의 향취를 말하며 오피움(YSL), 살리마(Guerlain)가 대표적 향수브랜드이다.

⑥ **시트러스(Citrus)**

레몬, 베르가못, 오렌지, 라임 등의 감귤계 향취를 말하며 쁘띠센봉(Givenchy), 오소바쥬(Dior)가 대표적 향수브랜드이다.

⑦ **그린(Green)**

숲속의 풀이나 젖은 나뭇잎에서 느껴지는 향취로 샤넬 NO. 9(Chanel), 핏지(G.Laroche)가 대표적 향수브랜드이다.

⑧ **시프레(Chypre)**

안개에 싸인 숲 속 이끼류에서 느껴지는 향취로 미스디오르(Dior), 이자티스(Givenchy)가 대표적 향수브랜드이다.

⑨ **퓨제아(Fougere)**

남성향수에 주로 사용되는 싱싱하고 촉촉한 복합적 향취로 라반뿌르옴므(P.Rabanne), 쿨워터(Davidoff)가 대표적 향수브랜드이다.

⑩ **우디(Woody)**

샌달우드가 대표적이며 나무껍질의 향취로 젠틀맨(Givenchy), 베티버(Guerlain)가 대표적 향수브랜드이다.

3) 향료

향(香)은 기분을 좋아지게 하고 마음의 평정을 주거나 마음을 움직이기도 하며 사람의 마음을 지배하기도 한다. 이처럼 향은 인간 생활에 밀접한 관계를 가지며 불가사의한 힘을 가지고 있다. 좋은 향을 즐기는 것은 정서적 만족과 유기적 관계를 지니며 이는 인간을 정서적으로 만족시켜준다는 의미를 가진다. 향료(香料)는 일상생활에서의 유익한 향기 물질을 말하며 향수(香水)는 액체 화장품에 속하며 향료를 활용하여 만든 것으로 동·식물에서 추출한 천연향료와 화학적으로 만들어진 합성향료를 적절히 조합하여 알코올에 용해시킨 것을 말한다.

(1) 천연향료

① **동물성 향료**

동물성 향료에는 사향(麝香), 시벳(Civet), 앰버그리스(Ambergris), 카스토르(Castor)의 4가지 종이 있다. 동물성 향료는 알코올로 향의 원료를 추출하며 생산량이 적어 값이 비싸고 사용량이 적다.

㉠ 사향 : 사향노루의 냄새주머니를 건조시킨 것이며 무스콘(Muscon)이라 하는 향료 원료가 있다.

㉡ 시벳 : 시벳은 사향고양이의 분비물을 모아 제조한 것으로 사향과 비슷한 향이 난다. 시벳의 향은 시베톤이라 한다.

㉢ 용연향 : 향유고래의 배설물로 제조된 향으로 주요 원료는 앰브레인(Ambrein)이다.

㉣ 카스토르 : 비버(Beaver)의 분비물로 제조된 향으로 향은 분명치 않다.

② **식물성 향료**

식물성 향료는 방향성 식물의 꽃과 꽃망울, 과실, 잎, 가지, 줄기, 뿌리 등에서 천연수지를 얻으며 대부분 휘발성 물질로 물보다 가볍다.

㉠ 꽃의 향료 : 대표적인 예로서 불가리아와 이란에서 채취하는 장미, 인도·이란·남프

랑스의 재스민, 남프랑스의 종퀼(Jonquil), 수선(水仙), 히아신스, 바이올렛, 쥬로스, 헬리오트로프, 귤꽃, 필리핀과 자바에서 추출되는 이란 등이 있다.

ⓛ 꽃과 잎의 향료 : 남프랑스와 영국에서 추출하는 라벤더와 일본·중국·북미·영국의 박하, 남프랑스와 에스파냐의 로즈메리, 일본의 제충국(除蟲菊) 등이 있다.

ⓒ 잎과 줄기의 향료 : 인도와 동남아의 레몬글라스, 인도·동남아·대만의 시트로넬라, 오스트레일리아의 유칼립투스, 스리랑카의 시나몬, 일본의 흑문자(黑文字), 알제리의 제라늄, 말레이시아의 파출리 등이 있다.

ⓔ 나무껍질의 향료 : 남중국의 카시아, 북미의 시더, 자바와 수마트라의 단향(檀香), 중국과 일본의 장뇌(樟惱), 일본의 삼나무와 전나무 등이 있다.

ⓜ 뿌리, 땅속줄기의 향료 : 자바와 인도의 베치파, 남프랑스와 이탈리아의 오리스, 인도의 생강(生薑) 등이 있다.

ⓑ 과실의 향료 : 북아메리카의 베르가모트, 이탈리아와 지중해연안의 레몬과 오렌지 등이 있다.

ⓢ 종자의 향료 : 남중국의 아니스, 인도와 자바의 후추(호초, 胡椒), 남미와 동남아의 바닐라, 동남아의 육두구(肉豆蔲) 등이 있다.

ⓞ 꽃봉오리의 향료 : 동남아, 아프리카, 마다카스카르의 정자(정향, 丁香)가 있다.

ⓩ 수지(樹脂)의 향료 : 아랍과 소말리아의 유향(乳香)과 몰약(沒藥), 동남아의 안식향(安息香), 자바와 수마트라의 용뇌(龍腦), 터키의 소합향(蘇合香), 남미의 페루발삼, 남유럽의 라타남 등이 있다.

(2) 합성향료

정유, 석유, 콜타르, 유지를 베이스로 화학적 합성에 의해 만들어진 향료를 합성향료라 한다. 화합물과 향료의 원료는 천연향료와 다르지만 향기는 비슷하며 베이스 원료나 합성 방법에 따라 벤젠계, 인조사향계, 테르펜계로 나뉜다.

① 벤젠계

방향성이 강하고 콜타르나 석유화학계의 원료로부터 전합성(全合成)되며 합성이 곤란한 것은 단리향료(單離香料)를 원료로 한다.

ⓖ α-아밀신남알데히드 : 재스민과 비슷한 향으로 재스민계 화정유를 조합용으로 하며 벤즈알데히드와 헵타알데히드를 축합하여 만들어진다. 벤즈알데히드는 쿠마린과 비슷한 향기로 '통카라'라고 하는 콩의 향을 말한다.

ⓛ 바닐린 : 바닐라의 방향과 비슷하며 주로 식품향료로 쓰인다.

ⓒ 페닐에틸알코올 : 장미꽃 향기와 비슷하여 로즈계 조합에 주로 사용된다.

㉣ 헬리오트로핀 : 천연으로는 존재하지 않지만 헬리오트로핀의 꽃향기와 비슷한 향을 내며 화정유 조합에 주로 사용된다.

㉤ α-메틸파라이소프로필페닐프로필알데히드 : 시클라멘알데히드라 하며 비누향료로 주로 사용된다. 시클라멘과 비슷한 향을 내지만 천연으로 존재하지 않는다.

② **인조사향계**

인조사향계는 천연사향의 원료인 무스콘과 유사한 무스크향을 가지는 향료로 합성되어 고급비누나 화장품 조합에 사용되고 있다. 시클로펜타데카노리드, 에틸렌브라시레이트 등이 대표적 합성향료이다.

③ **테르펜계 합성향료**

㉠ 게라니올, 시트로넬롤 : 장미와 유사한 향이며 조합향료의 하나이다.

㉡ 시트랄 : 레몬과 같은 상쾌한 향으로 이오논의 제조원료로 사용된다.

㉢ 보르네올 : 훈향(薰香), 방충용의 용도로 사용되며 값이 저렴하여 비누향료에 많이 사용된다.

㉣ 멘톨 : 박하유의 주요 원료로 추잉껌, 치약의 청량감을 향상시켜준다.

4) 향수와 스멜링

향수는 코에 직접 대고 맡지 않아야 하며 동시에 여러 가지 향수를 맡지 않아야 한다. 나이와 옷, 시간, 장소에 적합한 향수의 활용이 필요하며 향수를 구입할 때 다른 향수를 뿌리지 않은 상태에서 선택하는 것이 적합하다. 동일한 향의 바디제품을 연계하여 사용할 경우 향수의 향을 극대화시킬 수 있는 장점이 있다. 또한 향수의 사용에 있어서 실크 소재나 흰 옷, 보석류, 피혁제품에는 직접적인 분사를 피해야 하며 상처나 손상된 피부에도 직접적인 사용을 자제해야 한다. 신체에 사용할 시 겨드랑이와 같이 땀과 피지 분비가 활성화된 부위는 사용하지 않는 것이 좋다.

2 향수의 제조

향수는 천연의 꽃 향유를 주원료로 그 꽃의 향기를 표현하는 것과 천연과 합성 향료를 활용하여 특수한 꽃의 향기를 모방하는 것, 천연적인 원료가 아닌 향기를 여러 종류의 인공향료를 배합하여 창작해 내는 것으로 구분할 수 있다. 향수의 제조는 천연향료와 합성향료를 조합하여 알코올로 용해하고 필요에 따라 착색하여 제조된다. 향료가 10~20% 함유된 경우 향수라고 하고, 2~5% 정도인 것을 화장수라고 한다.

1) 향수의 제조방법

무취인 알코올에 향료를 용해시키고 냉각시킨다.
한 번 걸러내어 냉암소에 3~6개월 놓아두거나 초음파, 고주파를 통해 숙성시킨다.
용해도의 변화로 침전물이 생길 수 있으며 이는 불량품이 아니다.

▶ **정유(Essential Oil)**
천연의 식물성 향료를 채취하여 사용하며 16세기에 시작되어 프랑스에서 발달되었다. 대표적인 채취법에는 증류법, 압착법, 추출법의 방법이 있다. 캄퍼유, 카시아유, 보아드로즈유, 정향유, 유칼리유, 시더유, 백단유, 대회향유, 일랑일랑유, 레몬유, 오렌지유, 베르가모트유, 라벤더유, 파출리유, 시트로넬라유, 레몬그래스유, 베티버유, 장미유, 제라늄유 등이 이에 속한다.

① **증류법(Steam Distillation)**
증류법은 수증기를 동반한 방법으로 원하는 향기 식물의 여과를 통해 추출된 수증기를 냉각하여 액체를 형성한다. 액체의 아랫부분에는 물이, 윗부분에는 식물의 에센셜 오일이 형성되며 이를 분리하여 향료를 얻는다.

② **압착법(Expression)**
압착법은 과실, 감귤류의 껍질 등의 압착을 통해 천연향을 얻어내는 추출방법으로 에센셜 오일의 함량이 많고 수작업 또는 기계적 압착 정유의 2가지로 나뉜다. 주로 오렌지, 레몬, 라임, 베르가못 등의 정유채집에 활용된다.

③ **추출법(Solvent Extraction)**
추출법은 휘발성 용제(벤젠, 석유 에테르, 알코올 등)를 통해 화향 원료가 추출되며 용매를 이용하여 녹여내는 방법이다.

2) 합성향료(Synthetic perfume)

식물성 정유나 타르 성분 등에 향료를 합성하는 방법으로 19세기 시작되었다. 이는 천연 정유의 성분과 매우 유사한 화학 조직을 가진 것을 합성하여 원료로 사용하는 방법과 천연물의 향원료에는 없지만 천연물과 비슷한 발향을 발하는 원료로 합성하여 제조하는 방법이 있다.

• 합성향료의 합성방법 •

합성방법	종류
천연정유 + 유사한 화학향료	바닐린(바닐라 열매의 주원료), 살리실산메틸(윈터그린유의 주원료), 신나밀알데히드(카시아유의 주원료), β-페닐에틸알코올(장미유의 주원료)
비슷한 발향의 합성향료	히드록시시트로넬랄(은방울꽃의 향기), 페닐아세트알데히드(히아신스의 향기), 피페로날(헬리오트로프의 꽃향기)

CHAPTER 13

3) 조합(compound techinque)

여러 종류의 원료를 혼합하여 목적하는 꽃향기, 혹은 상상적, 환상적인 좋은 향기를 만들어 내는 방법으로 약 300종(천연 100, 합성 200종)의 향료를 만든다. 대표적으로 장미향의 제조에는 게라니올, 시트로넬롤, β -페닐에틸알코올 등의 향 원료를 바탕으로 한다. 이에 조화제(Blender)를 배합하여 변조제(Modifier)로서의 오이게놀을 소량 첨가하고 강한 휘발성을 완화시키기 위한 휘발 보류제(Fixative)를 미량 함유하여 제조하거나 천연 장미꽃 정유를 더하여 풍부한 장미의 방향을 나타낸다.

3 방향용 화장품의 분류

1) 분말 향

분말 향은 분말 형태의 제형으로 되어 있으며 분말은 가루(Powder)라 하여 잘게 부스러진 낟알을 총칭하는 말로 사용한다.

크기에 따라 입체, 분체, 미분체, 초미분체로 분류하며 응집력이 있다. 분말 향은 향이나 향료를 건조하여 분말의 형태로 만든 것을 말한다.

2) 향낭

향낭은 향을 넣어서 차는 주머니를 뜻하며 예부터 여인들의 장식품으로 사용되었다. 특히 조선시대에는 민가에까지 향이 널리 보급되었으며 장식적 의미와 주술적 의미를 포함하였다.

'수향낭'은 규방이나 내실, 궁중의 나인들이 솜과 향을 담아 자수를 놓은 장신구이다. 조선시대 여인들 사이에서는 유교의 영향으로 현세에서의 부귀와 장수를 의미하며 아들을 낳아 번창하기를 염원하여 몸에 지니고 다녔다. 이는 대체로 화려하고 금, 은, 보석보다 비용이 적었기 때문에 서민층의 선호도가 높았다.

'사향낭'은 평상시에도 몸에 지니고 다니는 용품으로 특별한 장식이나 모양이 없어 주머니 형태로 주름을 잡은 것을 말한다. 이 주머니에는 분말 향을 싸서 넣거나 크게 잘라 넣어 가지고 다녔다.

CHAPTER 14

면도용 화장품

실용화장품학

CHAPTER 14

면도용 화장품

① 면도용 화장품의 개요

면도(面刀)는 얼굴이나 몸의 수염 및 잔털을 깎아 제거하는 것으로 흔히 사용되는 제모의 한 방법을 말한다. 대부분 남성들은 턱과 입 주변의 수염을 면도기나 면도날을 이용해 깎는 것을 말하며 여성의 경우에도 제모의 일환으로 면도날을 이용해 다리털이나 겨드랑이 털을 제거하기도 하며 이외에 팔이나 턱 아래, 음부, 가슴의 털을 깎는 경우가 있다.

1) 면도의 방법

(1) 습식면도

크림이나 젤을 바르고 면도하는 것으로 주로 면도날을 이용할 경우 사용되는 방법이다. 피부가 면도날에 베일 수 있어 상처가 날 가능성이 있지만 피부에 자극이 적고 면도의 강약을 조절할 수 있어 솜털까지 깨끗하게 자를 수 있는 밀착면도가 가능하다.

(2) 건식면도

크림이나 젤을 바르지 않고 면도하는 것으로 주로 전기면도가 활용된다. 피부 자극이 적고 면도의 강약을 조절하여 솜털도 자를 수 있다.

② 면도용 화장품의 분류

1) 애프터쉐이브 로션(After Shave Lotion)

수염을 깎은 후 면도날로 인한 피부손상을 방지하고 살갗을 말쑥하게 조절하기 위하여 사용하는 남성용 화장수를 말한다. 면도로 인해 자극받은 피부를 진정시키고 보습을 강화시키는 기능을 하며 면도 후에 사용하는 로션이다.

애프터쉐이브 로션은 본격적으로 향수가 발달하면서 등장한 화장품으로 향수를 기반으로 소독 및 박테리아 제거 효과를 높인 화장품에서 파생되었다. 이는 면도로 손상된 피부의 소독 및 보호 기능과 제거된 각질층 및 무너진 유 · 수분 밸런스의 따가운 느낌을 진정시키는 효과가 있으며 면도로 인한 피부상처를 지혈해준다. 또한 세면과 면도 후에 확장된 모공을 수축시켜주고 모낭염과 자극성 피부염으로부터 피부를 보호해준다. 특히 피부가 건조한 경우 수염이 더욱 단단하고 뻣뻣하기 때문에 면도할 때 힘이 세게 가해져 피부손상이 심해지는데 이때 애프터쉐이브 로션을 사용하면 마찰되는 피부에 수분이 공급되어 피부 자극을 줄여 준다. 이러한 화장수 타입의 면도용 화장품은 주로 물과 알코올이 많이 들어간 묽은 액체로 이 외에 조금 무거운 로션타입, 스킨과 로션이 혼합된 중간 단계의 타입으로 나누어진다. 최근에는 따가운 느낌을 줄이기 위해 알코올 성분이 제거된 알코올 프리 로션도 출시되고 있으며 맑은 액체의 경우 병에 담긴 타입이 많고, 로션의 경우 펌핑(Pumping)을 해서 쓰는 케이스가 사용된다.

애프터쉐이브 로션의 주원료는 화장품의 기초가 되는 정제수와 소독효과의 스테아릴 알코올, 페녹시에탄올, 보습효과의 글리세린, 그 외 디메치콘, 뷰틸렌글리콜, 토코페릴아세테이트 등으로 구성되어 있다. 이에 크레아틴과 카페인 성분이 추가되어 피부에 생기를 주는 역할을 하기도 하며 감초추출물, 과라나씨추출물 등 자극받은 피부를 빠르게 진정시켜주는 효과를 가진 원료가 첨가되기도 한다.

2) 프리쉐이브 로션(Pre Shave Lotion)

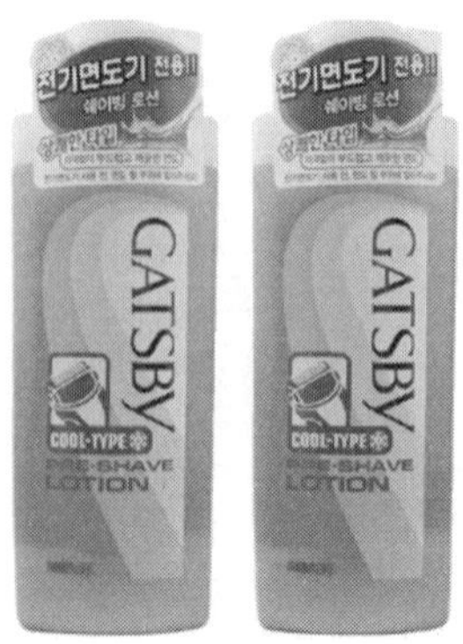

프리쉐이브 로션은 애프터쉐이브 로션의 따가움을 줄인 제품으로 알코올을 배제하여 제조된다. 이는 주로 전기면도를 하기 전에 면도 부위에 발라주어 피부자극을 최소화 시키고 정전기의 발생을 막기 위해 사용되며 향기가 좋다. 또한 피부에 발랐을 때 시원한 느낌이 들며 자연계 오일원료를 함유하여 보습력이 우수하고 사용감이 촉촉하다.

3) 쉐이빙 크림(Shaving Cream)

수염에 수분을 흡수시켜 면도날이 잘 미끄러지게 하여, 피부에 상처를 입히지 않고 기분 좋게 면도할 수 있도록 도와주는 크림이다.

(1) 래더링 크림(lathering type shaving cream)

고급 지방산(미리스트산, 팔미트산, 스테아르산 등)의 비누와 표면 활성제, 습윤제를 배합한 것으로, 얼굴에 발라 브러시로 작고 지속성이 좋은 거품을 내어 면도하기 쉽게 한다. 이 경우 면도할 때 생기는 상처, 비누의 알칼리 등으로 인해 면도한 후에 피부에 나쁜 영향을 주기 때문에 반드시 로션, 탤컴파우더 등으로 적당한 손질이 필요하다.

(2) 브러시리스 크림(brushless type shaving cream)

크림을 발라 그대로 수염을 깎고, 또한 그 뒤에 아무것도 바르지 않아도 되도록 처방된 근대 생활에 어울리는 크림이다. 보통 습윤제를 많이 포함한 오일성분을 줄인 크림 타입이 사용된다. 면도를 쉽게 할 수 있도록 도우며 물이나 브러시를 필요로 하지 않는다.

(3) 면도용 발포성(發泡性) 크림

털을 부드럽게 만들고 피부를 미끄럽게 하여 면도날의 작용을 도와준다. 주요 원료는 알칼리성 비누이며 미리스트산(酸)의 발포성 강도를 이용하여 스테아르산을 조제하고 수산화칼륨으로 비누화하여 거품의 상태나 피부감촉을 아미졸 계통으로 조정하게 만든다. 면도 후에 바르는 애프터쉐이빙크림은 이것과는 다른 것으로 면도에 의하여 피부가 거칠어지는 것을 막는 데 사용한다.

4) 세이빙 폼(Shaving Foam)

면도를 할 때 풍성한 거품이 발생하며 수염과 모근이 유연해지도록 도와준다. 한 번의 분사로 거품이 자동적으로 생성되며 사용이 편리하고 풍성한 거품이 보호막을 형성하여 피부를 부드럽게 유지시킨다. 거품의 밀도와 보습력, 윤활성분에 따라 면도의 사용감이 달라지는 특징이 있으며 주로 습식면도에 사용된다. 면도 부위에 고루 펴 바르고 미지근한 물로 세안하면 수염에 붙어있는 피지와 노폐물을 제거해 주고 수염을 불려서 면도에 용이한 환경을 조성해 준다. 물에 불은 수염은 마른 상태보다 깎기가 쉽다. 털이 난 방향을 거슬러 면도할 경우에 피부 자극이나 손상을 야기할 수 있어 본래 면도는 털이 자라난 방향과 일치하게 깎는 것이 적합하지만 셰이빙 폼은 수염이 난 방향과 반대되는 방향으로 수염을 세워 면도하며 강도가 약한 볼에서 시작하여 얼굴 가장자리, 목, 입 주위, 턱, 콧수염의 순으로 털이 수분을 흡수하여 부드러워질 수 있는 시간을 준다. 이는 물을 흡수한 털이 마른 상태보다 깎아내기 쉽기 때문이다. 한편 면도에 쓰이는 면도기는 수시로 물로 씻어서 깎인 수염이 다른 부위의 면도를 방해하지 않도록 하고 좀 더 깨끗하게 면도하고 싶다면 면도할 부위의 주변을 손으로 눌러 면도기와 수염이 난 피부가 잘 만나게 하는 것도 방법이다.

CHAPTER 15

영·유아 화장품

실용화장품학

CHAPTER 15

영·유아 화장품

① 영·유아 화장품의 이해

영·유아는 만 3세 이하의 어린이를 말하며 영·유아용 화장품은 영·유아용 샴푸와 린스, 영·유아용 로션과 크림, 영·유아용 오일, 영·유아용 인체 세정용 제품, 영·유아용 목욕용 제품류가 있다. 또한 영·유아용 화장품은 부틸파라벤, 프로필파라벤, 이소부틸파라벤, 이소프로필파라벤 등 4종의 살균, 보존제 성분을 사용한 제품에 한하여 기저귀가 닿는 부위에는 사용하지 않도록 하며 사용 시의 주의사항을 문구로 기재해야 함을 명명하고 있다.

② 영·유아용 화장품의 분류

1) 영·유아용 샴푸, 린스

(1) 영·유아용 샴푸

영·유아용 샴푸는 모발 세척을 위한 것으로 피지, 비듬, 먼지 등으로부터 모발과 두피의 청결함을 유지하기 위함을 목적으로 한다. 샴푸는 대체로 합성세제의 배합으로 제조되며 성분적, 성형적 목적에 따른 다양한 기능이 있다. 액체, 크림, 분말, 고체 상태의 형태를 가지며 크게 비누를 주원료로 하는 샴푸, 합성세제를 주원료로 하는 샴푸(중성샴푸), 비누와 합성세제의 혼합을 주원료로 하는 샴푸로 나뉜다.

샴푸는 액체에 분산되어 혼합되며 거품을 일으키고 물로 제거된다. 이는 두피나 모발의 청결함을 유지시키며 모발에 윤기를 주고 혈행과 생리기능을 향상시키는 기능을 가지고 있다. 샴푸는 물을 사용하는 웨트 샴푸(Wet shampoo)와 물을 사용하지 않는 드라이 샴푸(Dry shampoo)가 있다. 샴푸에서 세정력은 중요한 요소이지만 머리카락의 유분기를 과하게 제거해버리기 때문에 조절제 혹은 오일이 필요성에 따라 별도로 첨가된다. 이에 샴푸제는 석유와 세틸알코올 원료의 중성세제와 식물유(植物油)가 첨가된 세제, 살균작용의 기능을 하는 세제, 비듬 제거의 기능을 하는 세제, 유아용(乳兒用) 세제 등이 있으며 피지의 지나친 제거를 막기 위해 콜레스테롤, 라놀린, 글리세롤 등의 억압제가 첨가된다. 어린이용 샴푸는 어린이용 전용 샴푸로 저자극성의 샴푸이다. 양질의 올리브유, 춘유 등을 두피에 발라 샴푸하는 오일 샴푸의 방법을 따르기도 한다.

(2) 영·유아용 린스

'린스(Rinse)'는 샴푸에 의해 거칠어진 모발에 유분을 공급하며 원활한 빗질이 가능하도록 하고 자연스런 광택을 부여하는 컨디셔닝(Conditioning) 효과를 목적으로 사용되며 샴푸 후 린스로 모발을 헹구어 낸다. 영·유아용 린스는 올리브유, 아보카도유, 밀크유, 라놀린유, 파라핀 같은 유성원료의 배합된 컨디셔닝제로 습윤제를 포함한다. 린스의 주요 원료는 양이온성 계면활성제와 유분의 함유로 샴푸에 의해 제거된 모발 유분을 보충해준다. 모발이 음이온을 띠면 양이온성 계면활성제를 공급하는데 함유된 양이온성 계면활성제는 모발을 구성하는 케라틴에 흡착하여 모발에 얇은 피막을 형성한다. 모발에 형성된 피막은 모발 보호, 유연, 광택, 정전기 방지, 원활한 빗질에 도움을 준다. 이 외에 보습제, 방부제, 자외선흡수제의 기능이 함유된 린스가 있으며 샴푸와 같이 정상모발용, 건성모발용, 지성모발용 등으로 분류되어 목적에 따른 사용이 가능하다.

2) 영·유아용 로션, 크림

(1) 영·유아용 로션

영·유아용 로션은 샤워 후 피부가 건조해지지 않도록 신체에 바르는 것을 말한다. 피부건조로 인한 피부손상을 예방하고 피부의 붉은 기를 진정시키며 보습효과를 가진다. 수분 및 영양공급을 통해 피부에 탄력성을 향상시키며 매끄러운 피부 결을 만들어 준다. 또한 영·유아용 로션은 정제수, 글리세린, 페트롤라튬, 부틸렌글라이콜, 판테놀, 디메티콘, 세틸알코올의 성분에 보습효과를 주는 시어버터, 포도씨 오일, 판테놀 등이 배합되어 만들어진다. '시어버터'는 천연보습성분으로 피부질환 치유에 효과가 있으며 '포도씨 오일'은 피부세포 활성화 및 촉진에 관여하여 피부에 윤기를 부여하는 역할을 한다. '판테놀'은 세포 성장을 돕는 효과가 있는 성분으로 이 외에 편백나무 수액, 리피드, 캐라마이드 등의 성분이 첨가되어 기능성을 강화시킨 제품들이 제조되고 있다.

(2) 영·유아용 크림

영·유아용 크림은 에센셜 오일, 캐리어 오일, 비왁스를 혼합하여 만든 보습 크림으로 피부 방어막의 유지를 통해 피부가 건조해지는 것을 막고 촉촉한 느낌이 오래 지속될 수 있게 해준다. 또한 세안으로 인해 피부표면의 천연보호막이 제거될 경우 크림의 사용으로 피부표면에 보호막을 형성하여 피부보습을 유지할 수 있다.

3) 영·유아용 오일

(1) 식물성 오일

① 아르간 오일

보습력이 우수하여 피부를 촉촉하게 유지하며 영양이 풍부한 오일이다. 모로코 일부 사막지역의 아르가니아 나무 열매에서 추출되며 올리브 오일보다 2배 이상의 비타민 E를 함유하고 있어 아기 피부의 수분 증발을 억제한다.

② **호호바 오일**

촉촉한 피부 유지와 염증의 완화를 돕는 오일로 독성이 없고 미네랄과 비타민이 풍부해 보습 효과가 뛰어나다. 호호바 오일이 함유된 물티슈는 대소변 독이 영·유아의 몸 안으로 들어가는 것을 막을 수 있다.

③ **올리브 오일**

올리브 열매에서 추출되며 뛰어난 보습효과와 비타민 E의 풍부한 함유로 아기의 피부를 부드럽게 하고 탄력성을 향상시키며 민감성 피부에도 적합하다.

④ **마카다미아 오일**

남태평양 섬의 열매에서 추출한 오일로 사람의 피부구조와 유사하여 피부를 유연하게 하며 흡수성이 우수하다. 또한 피부 보습에 효과적인 천연유래성분으로 아기의 피부를 건강하게 유지시켜준다.

⑤ **해바라기씨 오일**

성분이 함유되어 있어 피부건조 및 손상에 대해 보호의 역할을 한다. 이는 신생아의 피부보호기능을 하는 태지 성분과 유사한 자연 추출물이다.

⑥ **유기농 보리지 오일**

아토피 진정효과에 효과적인 유기농 오일로 오메가3 불포화지방산인 감마리놀렌산(GLA)을 함유하고 있다.

4) 영·유아 세정용화장품

영·유아용 세정용 화장품은 피부 표면에 부착된 오염물 제거를 위해 사용하며 물의 세정효과 향상을 목적으로 물에 첨가하는 것을 말한다. 이는 순하고 자극이 없는 것이 쓰이며 용도에 따라 아기 태열과 침독, 유아 아토피 치료의 기능이 있다. 대부분 약산성으로 영·유아의 연약한 피부를 외부자극으로부터 보호하기 위해 사용되고 있으며 약알칼리성 화학세정제의 단점을 보완하여 사용된다. 영·유아용 세정용 화장품은 특히 편백나무 잎 추출물, 병풀 추출물, 육계추출물, 베타글루칸 등의 천연성분을 함유하고 있으며 산소가 피부에 침투할 수 있게 하고 피부 수분과 유분을 조절하여 피부균형을 맞춰준다. 한편 영·유아용 인체세정제는 유해성분의 검출이 없고 피부에 자극이 없으며 안정성 테스트를 받은 제품이어야 한다.

5) 영·유아 목욕용화장품

영·유아의 목욕은 수유 전에 하는 것이 좋으며 목욕 후 아기에게 물을 먹여 수분을 보충해주는 것이 좋다. 생후 3개월까지 유아용 욕조에서 씻기고 목욕시간은 10분 이내가 적당하다. 목욕 시, 방의 온도는 22~23℃를 유지하며 물의 온도는 38~40℃를 유지한다. 영·유아의 세안을 위한 물은 목욕용 물과 구분하여 놓고 코나 귀를 씻길 때에는 올리브유로 적신 면봉을 사용하기도 하며 영·유아의 목욕에는 유아용 욕조, 방수포 돗자리, 유아용 비누, 씻는 헝겊 및 거즈, 목욕용 타올, 면봉, 베이비오일, 베이비파우더, 붕산, 배꼽붕대, 머큐로크롬, 소독약 등이 필요하다.

(1) 오일 배스(oil bath)

미국에서 주로 행해지는 신생아 목욕 방법을 말한다. 이는 체력이 약한 미숙아나 표피의 탈락으로 피부가 까칠까칠한 신생아, 배꼽줄이 떨어지지 않은 유아의 목욕에 사용되며 자극성이 전혀 없는 올리브유를 가열하여 멸균한 후에 탈지면에 적셔 영·유아의 피부에 바르거나 손으로 직접 발라 닦아낸다. 겨울에는 오일배스 시 따뜻한 오일을 사용하며, 외부로부터의 피부 감염을 방지하는 효과가 있다.

Appendix 부록

화장품법

실용화장품학

제1장 총 칙

제1조(목적) 이 법은 화장품의 제조·수입 및 판매 등에 관한 사항을 규정함으로써 국민보건 향상과 화장품 산업의 발전에 기여함을 목적으로 한다.

제2조(정의) 이 법에서 사용하는 용어의 뜻은 다음과 같다. 〈개정 2013.3.23., 2016.5.29.〉

1. "화장품"이란 인체를 청결·미화하여 매력을 더하고 용모를 밝게 변화시키거나 피부·모발의 건강을 유지 또는 증진하기 위하여 인체에 바르고 문지르거나 뿌리는 등 이와 유사한 방법으로 사용되는 물품으로서 인체에 대한 작용이 경미한 것을 말한다. 다만, 「약사법」 제2조제4호의 의약품에 해당하는 물품은 제외한다.
2. "기능성화장품"이란 화장품 중에서 다음 각목의 어느 하나에 해당되는 것으로서 총리령으로 정하는 화장품을 말한다.
   가. 피부의 미백에 도움을 주는 제품
   나. 피부의 주름개선에 도움을 주는 제품
   다. 피부를 곱게 태워주거나 자외선으로부터 피부를 보호하는 데에 도움을 주는 제품
   라. 모발의 색상 변화·제거 또는 영양공급에 도움을 주는 제품
   마. 피부나 모발의 기능 약화로 인한 건조함, 갈라짐, 빠짐, 각질화 등을 방지하거나 개선하는 데에 도움을 주는 제품
3. "유기농화장품"이란 유기농 원료, 동식물 및 그 유래 원료 등으로 제조되고, 식품의약품안전처장이 정하는 기준에 맞는 화장품을 말한다.
4. "안전용기·포장"이란 만 5세 미만의 어린이가 개봉하기 어렵게 설계·고안된 용기나 포장을 말한다.
5. "사용기한"이란 화장품이 제조된 날부터 적절한 보관 상태에서 제품이 고유의 특성을 간직한 채 소비자가 안정적으로 사용할 수 있는 최소한의 기한을 말한다.
6. "1차 포장"이란 화장품 제조 시 내용물과 직접 접촉하는 포장용기를 말한다.
7. "2차 포장"이란 1차 포장을 수용하는 1개 또는 그 이상의 포장과 보호재 및 표시의 목적으로 한 포장(첨부문서 등을 포함한다)을 말한다.
8. "표시"란 화장품의 용기·포장에 기재하는 문자·숫자 또는 도형을 말한다.
9. "광고"란 라디오·텔레비전·신문·잡지·음성·음향·영상·인터넷·인쇄물·간판, 그 밖의 방법에 의하여 화장품에 대한 정보를 나타내거나 알리는 행위를 말한다.

제2장 화장품의 제조·유통

제3조(제조판매업의 등록 등) ① 화장품의 전부 또는 일부(2차 포장 또는 표시만의 공정은 제외한다)를 제조하려는 자(이하 "제조업자"라 한다)와 그 제조(위탁하여 제조하는 경우를 포함한다)한 화장품 또는 수입한 화장품을 유통·판매하거나 수입대행형거래를 목적으로 알선·수여하려는 자(이하 "제조판매업자"라 한다)는 총리령으로 정하는 바에 따라 각각 식품의약품안전처장에게 등록하여야 한다. 등록한 사항 중 총리령으로 정하는 중요한 사항을 변경할 때에도 또한 같다. 〈개정 2013.3.23., 2016.2.3.〉

② 다음 각 호의 어느 하나에 해당하는 자는 제조업 또는 제조판매업 등록 을 할 수 없다. 다만, 제1호 및 제3호는 제조업만 해당한다. 〈개정 2014.3.18., 2016.2.3.〉

1. 「정신보건법」 제3조제1호에 따른 정신질환자. 다만, 전문의가 제조업자로서 적합하다고 인정하는 사람은 그러하지 아니하다.
2. 피성년후견인 또는 파산선고를 받고 복권되지 아니한 자
3. 마약이나 그 밖의 유독물질의 중독자
4. 이 법 또는 「보건범죄 단속에 관한 특별조치법」을 위반하여 금고 이상의 형을 선고받고 그 집행이 끝나지 아니하거나 그 집행을 받지 아니하기로 확정되지 아니한 자
5. 제24조에 따라 등록이 취소(이 항 제1호부터 제3호까지에 해당하여 등록이 취소된 경우는 제외한다)된 날부터 1년이 지나지 아니한 자

③ 제1항에 따라 등록을 하려는 제조업자는 총리령으로 정하는 바에 따라 적합한 시설을 갖추어야 한다. 다만, 화장품의 일부 공정만을 제조하는 등 총리령으로 정하는 경우에 해당하는 때에는 시설의 일부를 갖추지 아니할 수 있다. 〈개정 2013.3.23.〉

④ 제1항에 따른 제조판매업자가 제조판매업을 등록하려고 할 때에는 총리령으로 정하는 화장품의 품질관리 및 제조판매 후 안전관리에 적합한 기준을 갖추어야 하며, 이를 관리할 수 있는 관리자(이하 "제조판매관리자" 라 한다)를 두어야 한다. 〈개정 2013.3.23.〉

⑤ 제1항부터 제4항까지의 규정에 따른 등록 등에 관한 절차 또는 제조판매 관리자의 자격기준과 직무 등에 관하여 필요한 사항은 총리령으로 정한다. 〈개정 2013.3.23.〉

제4조(기능성화장품의 심사 등) ① 기능성화장품을 제조 또는 수입하여 판매하려는 제조판매업자는 품목별 로 안전성 및 유효성에 관하여 식품의약품안전처장의 심사를 받거나 식품의약품안전처장에게 보고서를 제출하여야 한다. 심사받은 사항을 변경 하고자 할 때에도 또한 같다. 〈개정 2013.3.23.〉

② 제1항에 따른 유효성에 관한 심사는 제2조제2호 각 목에 규정된 효능·효과에 한하여 실시한다.

③ 제1항에 따른 심사를 받으려는 자는 총리령으로 정하는 바에 따라 그 심사에 필요한 자료를 식품의약품안전처장에게 제출하여야 한다. 〈개정 2013.3.23.〉

④ 제1항 및 제2항에 따른 심사 또는 보고서 제출의 대상과 절차 등에 관하여 필요한 사항은 총리령으로 정한다. 〈개정 2013.3.23.〉

제5조(제조판매업자 등의 의무 등) ① 제조판매업자는 화장품의 품질관리, 제조판매 후 안전관리, 그 밖에 제조 판매에 관하여 총리령으로 정하는 사항을 준수하여야 한다. 〈개정 2013.3.23.〉

② 제조업자는 화장품의 제조에 관하여 총리령으로 정하는 사항을 준수하여야 한다. 〈개정 2013.3.23.〉

③ 제조판매업자는 총리령으로 정하는 바에 따라 화장품의 생산실적 또는 수입실적, 화장품의 제조과정에 사용된 원료의 목록 등을 식품의약품안전처장에게 보고하여야 한다. 〈개정 2013.3.23.〉

④ 제조판매관리자는 화장품의 안전성 확보 및 품질관리에 관한 교육을 매년 받아야 한다. 〈개정 2013.3.23., 2016.2.3.〉

⑤ 식품의약품안전처장은 국민 건강상 위해를 방지하기 위하여 필요하다고 인정하면 제조업자 및 제조판매업자에게 화장품 관련 법령 및 제도(화장품의 안전성 확보 및 품질관리에 관한 내용을 포함한다)에 관한 교육을 받을 것을 명할 수 있다. 〈개정 2016.2.3.〉

⑥ 제5항에 따라 교육을 받아야 하는 자가 둘 이상의 장소에서 제조 또는 제조판매를 하는 경우에는 종업원 중에서 총리령으로 정하는 자를 책임자로 지정하여 교육을 받게 할 수 있다. 〈신설 2016.2.3.〉

⑦ 제4항부터 제6항까지에 따른 교육의 실시 기관, 내용, 대상 및 교육비 등 에 관하여 필요한 사항은 총리령으로 정한다. 〈신설 2016.2.3.〉

제6조(폐업 등의 신고) 화장품 제조판매업자 또는 제조업자는 다음 각 호의 어느 하나에 해당하는 경우에는 그 사유가 발생한 날부터 20일 이내에 식품의약품안전처장에게 신고하여야 한다. 다만, 휴업기간이 1개월 미만이거나 그 기간 동안 휴업하였다가 그 업을 재개하는 경우에는 그러하지 아니하다. 〈개정 2013.3.23.〉

1. 폐업 또는 휴업하는 경우
2. 휴업 후 그 업을 재개하는 경우
3. 그 밖에 총리령으로 정하는 사항이 변경된 경우

제7조(멸종위기에 처한 야생 동식물의 국제무역 등) 「멸종위기에 처한 야생동식물종의 국제거래에 관한 협약」에 따른 동식물 가공품이 포함되어 있는 화장품이나 화장품 원료를 수입 또는 국내에 반입하거나 수출하고자 하는 자는 총리령으로 정하는 바에 따라 식품의약품안전처장의 허가를 받아야 한다. 〈개정 2013.3.23.〉

제3장 화장품의 취급

제1절 기준

제8조(화장품 안전기준 등) ① 식품의약품안전처장은 화장품의 제조 등에 사용할 수 없는 원료를 지정하여 고시하여야 한다. 〈개정 2013.3.23.〉

② 식품의약품안전처장은 살균 보존제, 색소, 자외선차단제 등과 같이 특별히 사용상의 제한이 필요한 원료에 대하여는 그 사용기준을 지정하여 고시하여야 하며, 사용기준이 지정·고시된 원료 외의 살균보존제, 색소, 자외선차단제 등은 사용할 수 없다. 〈개정 2013.3.23.〉

③ 식품의약품안전처장은 국내외에서 유해물질이 포함되어 있는 것으로 알려지는 등 국민보건상 위해 우려가 제기되는 화장품 원료 등의 경우 에는 총리령으로 정하는 바에 따라 위해요소를 신속히 평가하여 그 위 해 여부를 결정하여야 한다. 〈개정 2013.3.23.〉

④ 식품의약품안전처장은 제3항에 따라 위해평가가 완료된 경우에는 해당 화장품 원료 등을 화장품의 제조에 사용할 수 없는 원료로 지정하거나 그 사용기준을 지정하여야 한다. 〈개정 2013.3.23.〉

⑤ 식품의약품안전처장은 그 밖에 유통화장품 안전관리 기준을 정하여 고시할 수 있다. 〈개정 2013.3.23.〉

제9조(안전용기 · 포장 등) ① 제조판매업자는 그 제조 또는 수입한 화장품을 판매할 때에는 어린이가 화장품을 잘못 사용하여 화장품에 중독되는 사고가 발생하지 아니 하도록 안전용기 · 포장을 사용하여야 한다.

② 제1항에 따라 안전용기 · 포장을 사용하여야 할 품목 및 용기 · 포장의 기준 등에 관하여는 총리령으로 정한다. 〈개정 2013.3.23.〉

제2절 표시 · 광고 · 취급

제10조(화장품의 기재사항) ① 화장품의 1차 포장 또는 2차 포장에는 총리령으로 정하는 바에 따라 다음 각 호의 사항을 기재 · 표시하여야 한다. 다만, 내용량이 소량인 화장품의 포장 등 총리령으로 정하는 포장에는 화장품의 명칭, 제조판매업자의 상호, 가격, 제조번호와 사용기한 또는 개봉 후 사용기간(개봉 후 사용기간을 기재할 경우에는 제조연월일을 병행 표기하여야 한다. 이하 이 조에서 같다)만을 기재 · 표시할 수 있다. 〈개정 2013.3.23., 2016.2.3.〉

1. 화장품의 명칭
2. 제조업자 및 제조판매업자의 상호 및 주소
3. 해당 화장품 제조에 사용된 모든 성분(인체에 무해한 소량 함유 성분 등 총리령으로 정하는 성분은 제외한다)
4. 내용물의 용량 또는 중량
5. 제조번호
6. 사용기한 또는 개봉 후 사용기간
7. 가격
8. 기능성화장품의 경우 "기능성화장품"이라는 글자
9. 사용할 때의 주의사항
10. 그 밖에 총리령으로 정하는 사항

② 제1항 각 호 외의 부분 본문에도 불구하고 다음 각 호의 사항은 1차 포장에 표시하여야 한다.

1. 화장품의 명칭
2. 제조업자 및 제조판매업자의 상호
3. 제조번호
4. 사용기한 또는 개봉 후 사용기간

③ 제1항에 따른 기재사항을 화장품의 용기 또는 포장에 표시할 때 제품 의 명칭, 제조업자 및 제조판매업자의 상호는 시각장애인을 위한 점자 표시를 병행할 수 있다.

④ 제1항 및 제2항에 따른 표시기준과 표시방법 등은 총리령으로 정한다. 〈개정 2013.3.23.〉

제11조(화장품의 가격표시) ① 제10조제1항제7호에 따른 가격은 소비자에게 화장품을 직접 판매하는 자(이하 "판매자"라 한다)가 판매하려는 가격을 표시하여야 한다.

② 제1항에 따른 표시방법과 그 밖에 필요한 사항은 총리령으로 정한다. 〈개정 2013.3.23.〉

제12조(기재 · 표시상의 주의) 제10조 및 제11조에 따른 기재 · 표시는 다른 문자 또는 문장보다 쉽게 볼 수 있는 곳에 하여야 하며, 총리령으로 정하는 바에 따라 읽기 쉽고 이해하기 쉬운 한글로 정확히 기재 · 표시하여야 하되, 한자 또는 외국어를 함께 기재할 수 있다. 〈개정 2013.3.23.〉

第13조(부당한 표시·광고 행위 등의 금지) ① 제조업자, 제조판매업자 또는 판매자는 다음 각 호의 어느 하나에 해당 하는 표시 또는 광고를 하여서는 아니 된다.

1. 의약품으로 잘못 인식할 우려가 있는 표시 또는 광고
2. 기능성화장품의 안전성·유효성에 관한 심사를 받은 범위를 벗어나거나 심사결과와 다른 내용의 표시 또는 광고
3. 기능성화장품 및 유기농화장품이 아닌 화장품을 기능성화장품 및 유기농화장품으로 잘못 인식할 우려가 있는 표시 또는 광고
4. 그 밖에 사실과 다르게 소비자를 속이거나 소비자가 잘못 인식하도록 할 우려가 있는 표시 또는 광고

② 제1항에 따른 표시·광고의 범위와 그 밖에 필요한 사항은 총리령으로 정한다. 〈개정 2013.3.23.〉

第14조(표시·광고 내용의 실증 등) ① 제조업자, 제조판매업자 또는 판매자는 자기가 행한 표시·광고 중 사 실과 관련한 사항에 대하여는 이를 실증할 수 있어야 한다.

② 식품의약품안전처장은 제조업자, 제조판매업자 또는 판매자가 행한 표 시·광고가 제13조제1항제4호에 해당하여 제1항에 따른 실증이 필요하다고 인정하는 경우에는 그 내용을 구체적으로 명시하여 해당 제조업자, 제조판매업자 또는 판매자에게 관련 자료의 제출을 요청할 수 있다. 〈개정 2013.3.23.〉

③ 제2항에 따라 실증자료의 제출을 요청받은 제조업자, 제조판매업자 또는 판매자는 요청받은 날부터 15일 이내에 그 실증자료를 식품의약품 안전처장에게 제출하여야 한다. 다만, 식품의약품안전처장은 정당한 사유가 있다고 인정하는 경우에는 그 제출기간을 연장할 수 있다. 〈개정 2013.3.23.〉

④ 식품의약품안전처장은 제조업자, 제조판매업자 또는 판매자가 제2항에 따라 실증자료의 제출을 요청받고도 제3항에 따른 제출기간 내에 이를 제출하지 아니한 채 계속하여 표시·광고를 하는 때에는 실증자료를 제출할 때까지 그 표시·광고 행위의 중지를 명하여야 한다. 〈개정 2013.3.23.〉

⑤ 제2항 및 제3항에 따라 식품의약품안전처장으로부터 실증자료의 제출 을 요청받아 제출한 경우에는 「표시·광고의 공정화에 관한 법률」 등 다른 법률에 따라 다른 기관이 요구하는 자료제출을 거부할 수 있다. 〈개정 2013.3.23.〉

⑥ 식품의약품안전처장은 제출받은 실증자료에 대하여 「표시·광고의 공정화에 관한 법률」 등 다른 법률에 따른 다른 기관의 자료요청이 있는 경우에는 특별한 사유가 없는 한 이에 응하여야 한다. 〈개정 2013.3.23.〉

⑦ 제1항부터 제4항까지의 규정에 따른 실증의 대상, 실증자료의 범위 및 요건, 제출방법 등에 관하여 필요한 사항은 총리령으로 정한다. 〈개정 2013.3.23.〉

제3절 제조·수입·판매 등의 금지

第15조(제조판매의 금지) 누구든지 다음 각 호의 어느 하나에 해당하는 화장품을 판매(수입대행형 거래를 목적으로 하는 알선·수여를 포함한다)하거나 판매할 목적으로 제조·수입·보관 또는

진열하여서는 아니 된다. 〈개정 2016.5.29.〉

1. 제4조에 따른 심사를 받지 아니하거나 보고서를 제출하지 아니한 기능성화장품
2. 전부 또는 일부가 변패(變敗)된 화장품
3. 병원미생물에 오염된 화장품
4. 이물이 혼입되었거나 부착된 것
5. 제8조제1항 또는 제2항에 따른 화장품에 사용할 수 없는 원료를 사용하였거나 같은 조 제5항에 따른 유통화장품 안전관리 기준에 적합하지 아니한 화장품
6. 코뿔소 뿔 또는 호랑이 뼈와 그 추출물을 사용한 화장품
7. 보건위생상 위해가 발생할 우려가 있는 비위생적인 조건에서 제조 되었거나 제3조제3항에 따른 시설기준에 적합하지 아니한 시설에 서 제조된 것
8. 용기나 포장이 불량하여 해당 화장품이 보건위생상 위해를 발생할 우려가 있는 것
9. 제10조제1항제6호에 따른 사용기한 또는 개봉 후 사용기간(병행 표기된 제조연월일을 포함한다)을 위조·변조한 화장품

제15조의2(동물실험을 실시한 화장품 등의 유통판매 금지) ① 제조판매업자는 「실험동물에 관한 법률」 제2조제1호에 따른 동물실험(이하 이 조에서 "동물실험"이라 한다)을 실시한 화장품 또는 동물실험을 실시한 화장품 원료를 사용하여 제조(위탁제조를 포함한다) 또는 수입한 화장품을 유통·판매하여서는 아니 된다. 다만, 다음 각 호의 어느 하나에 해당하는 경우는 그러하지 아니하다.

1. 제8조제2항의 살균 보존제, 색소, 자외선차단제 등 특별히 사용상 의 제한이 필요한 원료에 대하여 그 사용기준을 지정하거나 같은 조 제3항에 따라 국민보건상 위해 우려가 제기되는 화장품 원료 등에 대한 위해평가를 하기 위하여 필요한 경우
2. 동물대체시험법(동물을 사용하지 아니하는 실험방법 및 부득이하게 동물을 사용하더라도 그 사용되는 동물의 개체 수를 감소하거 나 고통을 경감시킬 수 있는 실험방법으로서 식품의약품안전처장 이 인정하는 것을 말한다. 이하 이 조에서 같다)이 존재하지 아니 하여 동물실험이 필요한 경우
3. 화장품 수출을 위하여 수출 상대국의 법령에 따라 동물실험이 필요한 경우
4. 수입하려는 상대국의 법령에 따라 제품 개발에 동물실험이 필요한 경우
5. 다른 법령에 따라 동물실험을 실시하여 개발된 원료를 화장품의 제조 등에 사용하는 경우
6. 그 밖에 동물실험을 대체할 수 있는 실험을 실시하기 곤란한 경우로서 식품의약품안전처장이 정하는 경우

② 식품의약품안전처장은 동물대체시험법을 개발하기 위하여 노력하여야 하며, 제조판매업자 등이 동물대체시험법을 활용할 수 있도록 필요한 조치를 하여야 한다. [본조신설 2016.2.3.]

제16조(판매 등의 금지) ① 누구든지 다음 각 호의 어느 하나에 해당하는 화장품을 판매하거나 판매할 목적으로 보관 또는 진열하여서는 아니 된다. 다만, 제3호의 경우 에는 소비자에게 판매하는 화장품에 한한다. 〈개정 2016.5.29.〉

1. 제3조제1항에 따른 등록을 하지 아니한 자가 제조한 화장품 또는 제조·수입하여 유통·판매한 화장품

2. 제10조부터 제12조까지에 위반되는 화장품 또는 의약품으로 잘못 인식할 우려가 있게 기재·표시된 화장품
3. 판매의 목적이 아닌 제품의 홍보·판매촉진 등을 위하여 미리 소비자가 시험·사용하도록 제조 또는 수입된 화장품
4. 화장품의 포장 및 기재·표시 사항을 훼손 또는 위조·변조한 것

② 누구든지 화장품의 용기에 담은 내용물을 나누어 판매하여서는 아니 된다.

제4절 화장품업 단체

제17조(설립) 제조판매업자 또는 제조업자는 자주적인 활동과 공동이익을 보장하고 국민보건향상에 기여하기 위하여 단체를 설립할 수 있다.

제4장 감 독

제18조(보고와 검사 등) ① 식품의약품안전처장은 필요하다고 인정하면 제조판매업자·제조업자·판매자 또는 그 밖에 화장품을 업무상 취급하는 자에 대하여 필요한 보고를 명하거나, 관계 공무원으로 하여금 화장품 제조장소·영업소·창고·판매장소, 그 밖에 화장품을 취급하는 장소에 출입하여 그 시설 또는 관계 장부나 서류, 그 밖의 물건의 검사 또는 관계인에 대한 질문 을 할 수 있다. 〈개정 2013.3.23.〉

② 식품의약품안전처장은 화장품의 품질 또는 안전기준, 포장 등의 기재·표시 사항 등이 적합한지 여부를 검사하기 위하여 필요한 최소 분량을 수거하여 검사할 수 있다. 〈개정 2013.3.23.〉

③ 식품의약품안전처장은 총리령으로 정하는 바에 따라 제품의 판매에 대한 모니터링 제도를 운영할 수 있다. 〈개정 2013.3.23.〉

④ 제1항의 경우에 관계 공무원은 그 권한을 표시하는 증표를 관계인에게 내보여야 한다.

⑤ 제1항 및 제2항의 관계 공무원의 자격과 그 밖에 필요한 사항은 총리령으로 정한다. 〈개정 2013.3.23.〉

제19조(시정명령) 식품의약품안전처장은 이 법을 지키지 아니하는 자에 대하여 필요하다고 인정하면 그 시정을 명할 수 있다. 〈개정 2013.3.23.〉

제20조(검사명령) 식품의약품안전처장은 제조판매업자 또는 제조업자에 대하여 필요하다고 인정하면 취급한 화장품에 대하여 「식품·의약품분야 시험·검사 등에 관한 법률」 제6조제2항제5호에 따른 화장품 시험·검사기관의 검사를 받을 것을 명할 수 있다. 〈개정 2013.3.23., 2013.7.30.〉

제22조(개수명령) 식품의약품안전처장은 제조업자가 갖추고 있는 시설이 제3조제3항에 따른 시설기준에 적합하지 아니하거나 노후 또는 오손되어 있어 그 시설로 화장품을 제조하면 화장품의 안전과 품질에 문제의 우려가 있다고 인정되는 경우에는 제조업자에게 그 시설의 개수를 명하거나 그 개수가 끝날 때까지 해당 시설의 전부 또는 일부의 사용금지를 명할 수 있다. 〈개정 2013.3.23.〉

제23조(회수·폐기명령 등) ① 식품의약품안전처장은 제조판매업자·제조업자·판매자 또는 그 밖에 화장품을 업무상 취급하는 자에게 제7조, 제9조, 제15조 또는 제16조제1항을 위반하여 판매·보관·진열·제조 또는 수입한 화장품이나 그 원료·재료 등(이하 "물품"이라 한다)이 국민보건에 위해를 끼칠 우려 가 있는 경우에는 해당 물품의 회수·폐기 등의 조치를 명하여야 한다. 회수명령을 받은 제조판매업자·제조업자·판매자 또는 그 밖에 화장품을 업무상 취급하는 자는 미리 식품의약품안전처장에게 회수계획을 보고하여야 한다. 〈개정 2013.3.23., 2015.1.28.〉

② 식품의약품안전처장은 다음 각 호의 어느 하나에 해당하는 경우에는 관계 공무원으로 하여금 해당 물품을 폐기하게 하거나 그 밖에 필요한 처분을 하게 할 수 있다. 〈개정 2013.3.23.〉

1. 제1항에 따른 명령을 받은 자가 그 명령을 이행하지 아니한 경우
2. 그 밖에 국민보건을 위하여 긴급한 조치가 필요한 경우

③ 제1항에 따른 물품의 회수·폐기의 절차·계획 및 사후조치 등에 필요한 사항은 총리령으로 정한다. 〈신설 2015.1.28.〉 [제목개정 2015.1.28.]

제23조의2(위해화장품의 공표) ① 식품의약품안전처장은 다음 각 호의 어느 하나에 해당하는 경우에는 해당 영업자에 대하여 그 사실의 공표를 명할 수 있다.

1. 제7조, 제9조, 제15조 또는 제16조제1항에 위반된 화장품으로 인하여 국민보건에 위해를 끼칠 우려가 있다고 인정되는 때
2. 제5조의2제2항에 따른 회수계획을 보고받은 때

② 제1항에 따른 공표의 방법·절차 등에 필요한 사항은 총리령으로 정한 다. [본조신설 2015.1.28.]

제24조(등록의 취소 및 품목 제조 정지 등) ① 제조판매업자 또는 제조업자가 다음 각 호의 어느 하나에 해당하는 경우에는 식품의약품안전처장은 등록을 취소하거나, 품목의 제조·수입 및 판매(수입대행형 거래를 목적으로 하는 알선·수여를 포함한다)의 금지를 명하거나 1년의 범위에서 기간을 정하여 그 업무의 전부 또는 일부에 대한 정지를 명할 수 있다. 다만, 제1호 또는 제14호에 해당하는 경우에는 등록을 취소하여야 한다. 〈개정 2013.3.23., 2015.1.28., 2016.5.29.〉

1. 제3조제2항 각 호의 어느 하나에 해당하는 경우
2. 제3조제3항에 따른 시설을 갖추지 아니한 경우
3. 국민보건에 위해를 끼쳤거나 끼칠 우려가 있는 화장품을 제조·수입한 경우
4. 제3조 또는 제6조에 따른 화장품 제조판매업 및 제조업의 등록, 변경 사항의 등록 및 폐업 등의 신고를 하지 아니한 경우
5. 제4조를 위반하여 심사를 받지 아니하거나 보고서를 제출하지 아니한 기능성화장품을 제조 또는 수입하여 판매한 경우
6. 제5조를 위반하여 제조판매업자 또는 제조업자의 준수사항을 이행하지 아니한 경우
7. 제7조를 위반하여 「멸종위기에 처한 야생동식물종의 국제거래에 관한 협약」에 따른 동식물 가공품이 함유된 화장품을 수입 또는 국내에 반입하였을 경우
8. 제9조에 따른 화장품의 안전용기·포장에 관한 기준을 위반한 경우
9. 제10조부터 제12조까지의 규정을 위반하여 화장품의 용기 또는 포장 및 첨부문서에 기재·표시한 경우

10. 제13조를 위반하여 화장품을 표시·광고하거나 제14조제4항에 따른 중지명령을 위반하여 화장품을 표시·광고 행위를 한 경우
11. 제15조를 위반하여 판매하거나 판매의 목적으로 제조·수입·보관 또는 진열한 경우
12. 제18조제1항·제2항에 따른 검사·질문·수거 등을 거부하거나 방해한 경우
13. 제19조·제20조·제22조·제23조제1항 전단 또는 제23조의2에 따른 시정명령·검사명령·개수명령·회수명령·폐기명령 또는 공표명령 등을 이행하지 아니한 경우

13의2. 제23조제1항 후단에 따른 회수계획을 보고하지 아니하거나 거짓으로 보고한 경우

14. 업무정지기간 중에 업무를 한 경우

② 제1항에 따른 행정처분의 기준은 총리령으로 정한다. 〈개정 2013.3.23.〉

제26조(제조업자 등의 지위 승계) 화장품의 제조판매업자 또는 제조업자가 사망하거나 그 영업을 양도한 경우 또는 법인인 제조판매업자 또는 제조업자가 합병한 경우에는 그 상속인, 영업을 양수한 자 또는 합병 후 존속하는 법인이나 합병에 따라 설립 되는 법인이 그 제조업자 등의 의무 및 지위를 승계한다.

제27조(청문) 식품의약품안전처장은 제24조에 따라 등록의 취소, 품목의 제조·수입 및 판매(수입대행형 거래를 목적으로 하는 알선·수여를 포함한다)의 금지 또는 업무의 전부에 대한 정지를 명하고자 하는 경우에는 청문을 하여야 한다. 〈개정 2013.3.23., 2016.5.29.〉

제28조(과징금처분) ① 식품의약품안전처장은 제24조에 따라 제조판매업자 또는 제조업자에 게 업무정지처분을 하여야 할 경우에는 그 업무정지처분을 갈음 하여 5천만원 이하의 과징금을 부과할 수 있다. 〈개정 2013.3.23.〉

② 제1항에 따른 과징금을 부과하는 위반행위의 종류와 위반정도 등에 따른 과징금의 금액과 그 밖에 필요한 사항은 대통령령으로 정한다.

③ 식품의약품안전처장은 제1항에 따른 과징금을 내야 할 자가 납부기한 까지 과징금을 내지 아니하면 대통령령으로 정하는 바에 따라 제1항에 따른 과징금부과처분을 취소하고 제24조제1항에 따른 업무정지처분을 하거나 국세 체납처분의 예에 따라 이를 징수한다. 다만, 제6조에 따른 폐업 등으로 제24조제1항에 따른 업무정지처분을 할 수 없을 때에는 국세 체납처분의 예에 따라 이를 징수한다. 〈개정 2013.3.23.〉

제28조의2(위반사실의 공표) ① 식품의약품안전처장은 제22조, 제23조, 제23조의2, 제24조 또는 제28조에 따라 행정처분이 확정된 자에 대한 처분 사유, 처분 내용, 처분 대상자의 명칭·주소 및 대표자 성명, 해당 품목의 명칭 등 처분과 관련한 사항으로서 대통령령으로 정하는 사항을 공표할 수 있다.

② 제1항에 따른 공표방법 등 공표에 필요한 사항은 대통령령으로 정한다. [본조신설 2015. 1.28.]

제29조(자발적 관리의 지원) 식품의약품안전처장은 화장품 제조판매업자 또는 제조업자가 스스로 표시 광고, 품질관리 등의 준수사항을 위하여 노력하는 자발적 관리체계가 정착 확산될 수 있도록 행정적·재정적 지원을 할 수 있다. 〈개정 2013.3.23.〉

제30조(수출용 제품의 예외) 국내에서 판매되지 아니하고 수출만을 목적으로 하는 제품은 제4조, 제8조부터 제12조까지, 제14조, 제15조제1호·제5호, 제16조제1항제2호·제3호 및 같은 조 제2항을 적용하지 아니하고 수입국의 규정에 따를 수 있다. 〈개정 2016.5.29.〉

제5장 보 칙

제31조(등록필증 등의 재교부) 제조판매업자 또는 제조업자가 등록필증 또는 기능성화장품심사결과통지 서 등을 잃어버리거나 못쓰게 될 때는 총리령으로 정하는 바에 따라 이를 다시 교부받을 수 있다. 〈개정 2013.3.23.〉

제32조(수수료) 이 법에 따른 등록을 하거나 심사를 받고자 하는 자는 총리령으로 정하는 바에 따라 수수료를 납부하여야 한다. 등록 또는 심사받은 사항을 변경하고자 하는 경우에도 또한 같다. 〈개정 2013.3.23.〉

제33조(화장품산업의 지원) 보건복지부장관과 식품의약품안전처장은 화장품산업의 진흥을 위한 기반 조성 및 경쟁력 강화에 필요한 시책을 수립·시행하여야 하며 이를 위한 재원을 마련하고 기술개발, 조사·연구 사업, 국제협력체계의 구축 등에 필요한 지원을 하여야 한다. 〈개정 2013.3.23.〉

제34조(권한의 위임·위탁) ① 이 법에 따른 식품의약품안전처장의 권한은 그 일부를 대통령령으로 정하는 바에 따라 지방식품의약품안전청장이나 특별시장·광역시장·도지사 또는 특별자치도지사에게 위임할 수 있다. 〈개정 2013.3.23.〉

② 식품의약품안전처장은 이 법에 따른 화장품에 관한 업무의 일부를 대통령령으로 정하는 바에 따라 제17조에 따른 단체에 위탁할 수 있다. 〈개정 2013.3.23.〉

제6장 벌 칙

제35조(벌칙) ① 제7조를 위반한 자는 5년 이하의 징역 또는 5천만원 이하의 벌금에 처한다. 〈개정 2014.3.18.〉

② 제1항의 징역형과 벌금형은 이를 함께 부과할 수 있다.

제36조(벌칙) ① 다음 각 호의 어느 하나에 해당하는 자는 3년 이하의 징역 또는 3천만 원 이하의 벌금에 처한다. 〈개정 2014.3.18.〉

1. 제3조제1항 전단을 위반한 자
2. 제4조제1항 전단을 위반한 자
3. 제15조를 위반한 자
4. 제16조제1항제1호 또는 제4호를 위반한 자

② 제1항의 징역형과 벌금형은 이를 함께 부과할 수 있다.

제37조(벌칙) ① 제9조, 제13조, 제16조제1항제2호·제3호 또는 같은 조 제2항을 위반하거나, 제14조제4항에 따른 중지명령에 따르지 아니한 자는 1년 이하의 징역 또는 1천만원 이하의 벌금에 처한다. 〈개정 2013.7.30., 2014.3.18.〉

② 제1항의 징역형과 벌금형은 이를 함께 부과할 수 있다.

제38조(벌칙) 다음 각 호의 어느 하나에 해당하는 자는 200만원 이하의 벌금에 처한다.

1. 제5조제1항·제2항을 위반한 자
2. 제10조제1항·제2항 및 제11조를 위반한 자
3. 제18조부터 제20조까지, 제22조 및 제23조에 따른 명령을 위반하거나 관계 공무원의 검사·수거 또는 처분을 거부·방해하거나 기피한 자

제39조(양벌규정) 법인의 대표자나 법인 또는 개인의 대리인, 사용인, 그 밖의 종업원이 그 법인 또는 개인의 업무에 관하여 제35조부터 제38조까지의 어느 하나에 해당하는 위반행위를 하면 그 행위자를 벌하는 외에 그 법인 또는 개인 에게도 해당 조문의 벌금형을 과(科)한다. 다만, 법인 또는 개인이 그 위반행위를 방지하기 위하여 해당 업무에 관하여 상당한 주의와 감독을 게을리하지 아니한 경우에는 그러하지 아니하다.

제40조(과태료) ① 다음 각 호의 어느 하나에 해당하는 자에게는 100만원 이하의 과태료를 부과한다. 〈개정 2016.2.3.〉

1. 제3조제1항 후단을 위반하여 변경등록을 하지 아니한 자
2. 제4조제1항 후단을 위반하여 변경심사를 받지 아니한 자
3. 제5조제3항을 위반하여 화장품의 생산실적 또는 수입실적 또는 화장품 원료의 목록 등을 보고하지 아니한 자
4. 제5조제4항에 따른 명령을 위반한 자
5. 제6조를 위반하여 폐업 등의 신고를 하지 아니한 자
6. 제18조에 따른 명령을 위반하여 보고를 하지 아니한 자
7. 제15조의2제1항을 위반하여 동물실험을 실시한 화장품 또는 동물 실험을 실시한 화장품 원료를 사용하여 제조(위탁제조를 포함한 다) 또는 수입한 화장품을 유통·판매한 자

② 제1항에 따른 과태료는 대통령령으로 정하는 바에 따라 식품의약품안전처장이 부과·징수한다. 〈개정 2013.3.23.〉

참고문헌

김경영, 배유경, 이은주 (2017. 02. 10), 에센스 화장품학, 메디시언
김기연, 김유정, 김찬수, 장현희 (2016. 02. 22), 화장품학, 현문사
김양수, 권태순 (2012. 02.29), 화장품학, 훈민사
김주덕, 신정은, (2016. 03. 02), 최신 화장품학, 광문각
조미영, 조종환, 강인오, 배상설, 전영식, 김영주 (2005. 03. 05), 화장품학, 훈민사
진종언, 윤혜영, 김수미, 송다해, 양현옥 (2011. 02. 28), 화장품학, 정담미디어
정연자, 신세영, 제나나, 윤지영 (2017. 03. 06), 뷰티 앤 컬러, 교문사
이근광, 송연숙 (2012. 03. 09), 화장품 성분과학, 현문사
이정노 (2012. 06. 28), 기초화장품 이론 및 실습, 이담북스
이정희 (2010. 10. 05), 화장품법규, 구민사
박소정, 조춘희 (2015. 12. 26), 화장품학, 훈민사
박성호, 김영길, 최성출 (2016.08.30), 화장품학성분학, 훈민사
최은영 (2016. 03. 05), 화장품학, 훈민사
하병조 (1999. 02. 20), 화장품학, 수문사
하병조 (2010. 02. 23), 화장품학, 수문사
하병조 (2016. 08. 25), 기능성 화장품학, 신광출판사
하병조 (2017. 01. 30), 화장품성분, 수문사
허정록, 권영랑, 이계영, 변선주, 이동현 (2010. 09. 06), 화장품과학, 형설출판사
Amparo Salvador (2011. 08. 11.), Analysis of Cosmetic Produts, Elevier
ECKSTEIN (1999. 03. 02), BIOKOSSMETIK(바이오코스메틱연구와 실습)
Gabriella Baki (2015. 03. 12), Introduction to Cosmetic Formulation and Technoligy, Wiley-Blackwell
Kazutami Sakamoto (2017. 04. 06), Cosmetic Science and Techenology Theoretical Principles and Applications, Elsevier
Leslie Baumann (2004. 07. 20), 코스메틱 피부과학(원리 및 임상), 정담 미디어
Meyer Rosen (2005. 09. 23), Delivery System Handbook for Personal Care and Cosmetic Products, Elsevier
Patricia K, Farris (2013. 11. 08), Cosmeceuticals and Cosmetic Practice, Wiley-Blackwell
T.Mitsui (1997. 06. 19), New Cosmetic Science, Elsevier
Zoe Diana Draelos (2016. 02. 11), Cosmetic Dermatology(Products and Procedures), Wiley-Blackwell
Zoe Diana Draelos (2011. 08. 31) Cosmetic Dermatology, Wiley-Blackwell
식품의약품안전처, www.mfds.go.kr

❚ 정연자 現)건국대학교 뷰티디자인전공 주임교수
現)뷰티융합연구소 소장
現)한국인체미용예술학회 회장

❚ 표연희 現)건국대학교 일반대학원 뷰티디자인전공 박사과정
現)뷰티융합연구소 연구원

실용화장품학

초판 인쇄| 2017년 8월 24일
초판 1쇄 발행| 2017년 8월 31일
초판 2쇄 발행| 2021년 3월 2일

저 자 | 정연자·표연희
발 행 인 | 조규백
발 행 처 | **도서출판 구민사**
(07293) 서울특별시 영등포구 문래북로 116, 605호(문래동3가 46, 트리플렉스)
전 화 | (02) 701-7421(~2)
팩 스 | (02) 3273-9642
홈페이지 | www.kuhminsa.co.kr
신고번호 | 제 2012-000055호(1980년 2월 4일)
I S B N | 979-11-5813-469-3 [93590]

값 13,000원